괴담의 과학

디아스포라(DIASPORA)는 독자 여러분의 책에 관한 아이디어와 원고 투고를 기다리고 있습니다. 디아스포라는 전파과학사의 임프린트로 종교(기독교), 경제·경영서, 일반 문학 등 다양한 장르의 국내 저자와 해외 번역서를 준비하고 있습니다. 출간을 고민하고 계신 분들은 이메일 chonpa2@hanmail.net로 간단한 개요와 취지, 연락처 등을 적어 보내주세요.

괴담의 과학
유령은 왜 나타나는가

초판1쇄 발행 1991년 03월 01일
개정1쇄 발행 2025년 06월 24일

지은이 나카무라 마레아키
옮긴이 김두찬
발행인 손동민
디자인 김미영
편 집 김희원

펴낸곳 전파과학사
출판등록 1956. 7. 23. 제 10-89호
주 소 서울시 서대문구 증가로18, 204호
전 화 02-333-8877(8855)
팩 스 02-334-8092
이메일 chonpa2@hanmail.net
공식 블로그 http://blog.naver.com/siencia

ISBN 979-11-94832-02-7 (03400)

- 이 책은 저작권법에 따라 보호받는 저작물이므로 무단전재와 무단복제를 금지하며, 이 책 내용의 전부 또는 일부를 이용하려면 반드시 저작권자와 전파과학사의 서면동의를 받아야 합니다.
- 이 한국어판은 일본국주식회사 고단샤와의 계약에 의하여 전파과학사가 한국어판의 번역출판권을 독점하고 있습니다.
- 파본은 구입처에서 교환해 드립니다.

괴담의 과학

머리말

얼마 전 나는 아이들을 데리고 양친께서 자신들을 위해 마련해 두셨던 공원묘지에 갔다. 성묘라기보다는 40년 가까이나 집 안에 아무 탈도 없이 지냈기 때문에 고마운 마음으로 벌초를 하러 갔던 것이다.

아이들은 근처에서 뛰놀고 있었는데, 내가 분향도 하지 않고 있는 것이 마음에 걸렸던지, 열 살 된 큰딸이 어딘가에서 타다 남은 향을 주워와서 피우려 했다. 나는 무의식 중에 안색이 달라지며 버럭 고함을 쳤다. 큰딸은 야단맞은 까닭을 몰라 의아한 표정으로 나를 쳐다보고 있었다.

이 작은 사건은 나를, 어릴 적에 즐겨 읽었던 L. 한의 작품 세계, '죽은 사람의 물건에 손을 대면 반드시 앙갚음을 받는다'로 되돌려 놓았다. 나는 타다 남은 향을 제자리에 갖다 놓고 정중히 사과하라고 일렀지만, 그 후 얼마 동안은 딸아이에게 무슨 변고나 일어나지 않을까 하고 불안했다. 그만큼 내 마음속에는 망자(亡者)에 대한 원시적인 두려움이 배어 있었다.

나의 어린 시절에는 묘지란 망자의 세계였고, 그것은 곧 공포의 세계였다.

웬만한 어른조차도 한밤중에 묘지에 간다는 것은, 여름밤에 흔히 하는 담력 시험에서나 안성맞춤이었다. 추석 흥행 때 돈벌이의 노른자위라고도 할 수 있는 괴담(怪談)물의 독살스럽고 야한 싸구려 포스터를 보고 무서워했던 일, 금세라도 땅을 헤치고 하얀 팔이 불쑥 튀어나올 것만 같은 무덤, 갓 만들어진 공양탑, 그 주변에는 붉고 파란 음산한 도깨비불이 어지럽게 날아다니고, 축 늘어진 버드나무 아래에는 흐트러진 머리카락을 드리운 파르스름한 유령의 원망스러운 눈초리, 어쩌다 그런 포스터를 길모퉁이에서 보게 된 날 밤에는 무서운 나머지 화장실에도 가지 못했다. 개중에는 경기를 일으키는 아이마저 생기기도 한 것이 마치 전쟁 전의 어린이들의 세계였다.

그렇게 음산했던 묘지가, 전후에는 공원묘지가 되어 성묘하러 가는 일이 마치 교외로 놀러 나가는 소풍처럼 되어 버렸다.

아이들에게는 외가의 묘도 공원묘지에 있기 때문에, 성묘라고 하면 당연히 가족 동반으로 교외로 나가, 넓은 잔디밭에서 맘껏 뛰어논다는 인식밖에 없다. 그러니 아버지가 어린 시절에 겪었던 공포 같은 것은 도저히 이해할 수 없을 것이다.

널찍한 공원묘지에는 옛날식 유령 따위는 발붙일 수가 없게 되었는지 최근의 현기증 나는 환경 변화에 따라 괴담도 변화해 가고 있다. 한때 안방의 화젯거리가 되었던 크로바제트의 투시(透視)라든가, 유리겔라의 숟가락 구부리기 초능력, 초자연적 현상 등은 텔레비전 시대에서의 괴담의 현대판이라고 할 것이다.

그러나 달나라 여행까지도 가능해진 과학 만능의 현대에 진부한 마술에 관한 책이 팔리고 있는 것을 보면, 유령 같은 것에 대한 공포나 호기심은 중세와 별반 다를 바가 없는지도 모르겠다.

저명한 과학자 가운데는 의외로 불가사의한 현상을 믿는 사람이 많다고 한다. 가령, 인간의 육체를 하나의 물질로서 냉철한 눈으로 보고 있을 의사회의 기관지인 『의사신보』만 하더라도, 「실화 괴담」, 「유령에는 다리가 있기도 하고 없기도 하다」, 「도깨비불을 본 이야기」, 「귀신이 채 간 실종」 등의 체험기가 실려 있다.

유령이란 과연 이 세상에 존재하는 것일까? 괴담이란 과학적으로 설명이 가능한 현상일까?

나는 이 책에서 동서고금의 유명한 괴담, 체험담을 다루고, 그 대부분이 정신의학적 입장에서 과학적으로 설명이 가능한 현상이라는 것을 밝혀나가려 한다.

이 원고를 쓰면서 나의 뇌리에는 이들 유명한 괴담의 주인공들이 중복되어, 나의 30년 가까운 일상 경험 가운데서, 특히 인상 깊었던 환자들의 얼굴이 주마등처럼 떠올랐다, 사라졌다 했다. 정신과 의사의 사고라고 하는 것은 도리어 환자들로부터 배우는 바가 많다. 프로이트와 융도 그들의 가설을 환자들의 분석 재료에서부터 얻어내고 있다.

나는 되도록 각 장마다 그와 같이 머리에 떠오른 케이스를 요약해서 넣기로 했다. 발병 직전의 막바지에 몰려 정신과 의사 앞에 나타난 환자들의 생활사는, 서투른 소설 따위는 도저히 미치지조차 못하는 한 편의 인생 드라마다.

일본의 『요쓰야(四谷) 괴담』에 나오는 오이와나 이우에몽이라는 사람도, 그리고 햄릿도 모두 나의 진찰실을 찾아온 사람들 가운데에 있는 것이다.

나카무라 마레아키

차례

머리말 · 4

1장
당신에게도 유령은 나타난다 · 생리적 환각 1

1. 유령은 신형차를 좋아한다   13
2. 외톨이의 심리(고립성 환각과 감각 차단성 환각)   31
3. 환상의 세계(민화·문학에 나오는 감각 차단성 환각)   39

2장
극한 상황이 낳는 환각 · 생리적 환각 2

1. 굶주림   77
2. 집단과 개인   86
3. 한랭 지옥과 초열 지옥   104

3장
유령은 왜 한밤중에만 나타나는가? · 경계 영역에서의 환각

1. 수면과 환각   117
2. 약물과 환각   136
3. 객지와 정신 변조(여행의 공포)   169

4장
정신 변조 시의 환각 · 심인 반응과 환청

1. 환청과 착시　　　　　　　　　　　　179
2. 햄릿의 환각　　　　　　　　　　　　201

5장
괴담의 논리

1. 인간은 왜 괴담을 좋아하는가?(공포의 논리)　　213
2. 인간은 왜 환각을 보게 되는가?(환각의 논리)　　231
3. 유령의 국가성(괴담의 비교 문화론)　　　　　237

후기 · 252

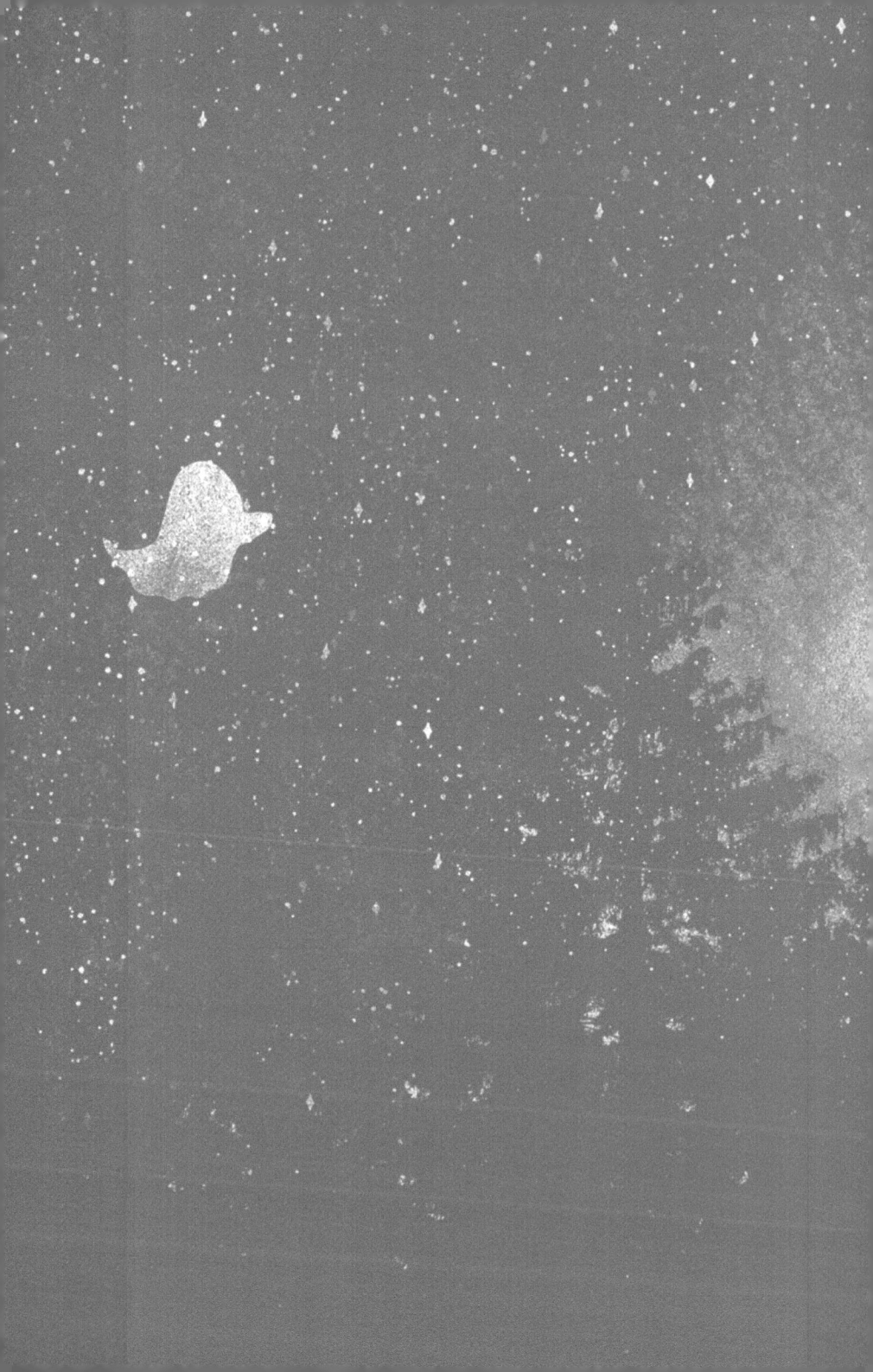

1장

당신에게도 유령은 나타난다

생리적 환각 1

1. 유령은 신형 차를 좋아한다

자동차와 유령

세상에는 많은 괴담과 괴기담이 유포되고 있는데, 이들의 대부분은 환각이나 착각 현상으로서, 심리학이나 정신의학의 입장에서 과학적으로 설명할 수 있다. 일본에 널리 알려진 『요쓰야 괴담(四谷怪談)』의 오이와라는 유령은, 자신의 악행에 대한 양심의 괴로움 때문에 정신 이상을 일으킨 이우에몽의 환각 또는 착각이라고 할 수 있다. 그러나 정신적으로 정상적인 사람이라도 어떤 조건에 놓이면 환각을 일으키는 일이 있다. 나는 이것을 생리적 환각 ― 정상자의 환각 ― 이라 부르기도 한다. 당신 앞에도 유령은 나타날 수 있는 것이다.

수년 전의 신문에 '젊은 여자 유령의 출현 ― O시 K지구에서 큰 소동'이라는 기사가 실렸다. 짧은 글이므로 원문 그대로 인용해 보기로 한다.

사건의 발단은 지난 3월 하순의 한밤중, K지구의 국도를 달리고 있던 H운수의 택시 운전기사인 Y씨(36세)가 N버스 정류장의 급커브에 있는 소나무 아래로부터 갑자기 젊은 여자가 불쑥 나타나는 것을 본 데서부터 시작된다. 그로부터 일정하게 한밤중인 0시~1시 사이에 근처의 절간이나 소나무 주변에 이 여자 유령이 출몰하여, Y씨 말고도 7명의 동료 기사들이 그것을 보았다 하여 소동이 커졌다.

이 소문은 삽시간에 퍼져서 택시가 이 지구를 통과할 때는 무전으로 연락을 취하면서 겁을 먹고 달려가는 실정이 되었다.

더구나 목격자의 말에 의하면 이 유령은 신출귀몰하여 담벼락 위로부터 불쑥 나타나거나, 절간 앞에서는 상체가 없는 발만이 도로를 가로지르거나 하는 식으로 으스스했다. 목격자의 대부분은 "빨간 미니스커트에 블라우스를 입은 귀여운 여인이었다."고 한다.

그러는 동안에 지난달 초에는 "어린이를 동반한 머리카락이 긴 여자 유령이 나타났다."는 소문마저 나돌아, 소문은 날개 돋친 듯 점점 커져만 갔다.

그래서 이 지구를 담당하고 있는 O경찰서의 D파출소 순경도 지난달 초순, Y씨를 비롯한 일행들과 함께 현장 조사에 나섰으나 유령이 나타나지 않아 정체를 파악할 수 없었다.

웬일인지 그로부터 유령의 모습을 본 사람은 없으나 "또 나타나지 않을까."하고 겁을 먹는 사람도 있어 유령 소동은 아직도 계속되고 있다.

—『요미우리 신문』1977년 6월 4일자 조간

이와 비슷한 괴담은 전쟁 전부터 각지에 유포되고 있었다. 한밤중에 혼자 운전하고 가다가 젊은 여자가 갑자기 튀어나와 급브레이크를 걸고 식은땀을 흘리며 바깥으로 나와 본즉 그 여자는 사라지고 없더라는 등,

또는 사람을 태운 적이 전혀 없는데도, 어느새 뒷좌석에 여자가 앉아 있었다던가, 분명히 차에 태운 여자가 어느 틈엔가 없어졌더라는 등 그런 얘기들이다.

　이런 괴담이 예로부터 있었다는 것은, 마지막 패턴이 꽤 유명한 만담식의 흥행물로까지 되었다는 것으로도 알 수 있다.

　이런 종류의 유령은 생각보다 멋쟁이여서, 최신식 자동차만 좋아하는 경향이 있다. 전차가 달리기 시작했던 무렵의 신문에 "어느 틈엔가 막차에 올라타 있던 여자 유령을 내려 주었다."라는 괴담이 실려 있고, 최근에는 점보제트기의 조종석에도 출몰하는 것 같다.

　왜 유령은 현대적인 차를 좋아할까? 여기에서 한 가지 실화 괴담을 바탕으로 이 의문을 풀어줄 열쇠를 찾아보기로 하자.

실화 괴담 — 어느 산부인과 의사의 불행한 체험

"어느 해 5월, 미풍이 상쾌하기 그지없는 이른 아침, 신록의 야산은 더더욱 푸르르고, 나는 들뜬 기분으로 차를 몰고 있었다 ……". 이런 서두로 시작되는 글(『의사신보』 2470호 「실화 괴담 — 짙은 안개」)의 주인공은 일찍이 대학의 조교수를 지낸 적이 있는 산부인과 개업의로, 실제로 피해를 당했던 생생한 환각 체험자이기도 하다.

이 K씨의 차 '닷지(Dodge)'는 거의 신품과 같은 것으로 그것도 불과 100만 엔에 구입한 중고차였다. 페이퍼 드라이버였던 K씨는 운전 교습소에서 재교육을 받고, 이른 아침부터 차를 손보며 운전 연습하고, 저녁에는 차고를 한번 들여다보지 않고는 잠을 못 잔다는, 마이카족이라면 누구나가 경험하는 상태가 석 달이나 계속된 뒤여서 사건이 일어난 무렵에는 차가 자신의 손발처럼 익숙해져 있었다.

오늘 아침에도 얼마 전에 퇴원한 환자로부터, 외출할 기회가 있으시면 한번 들려봐 주었으면 좋겠다는 부탁이 있어 운전 연습 겸 그를 찾아가 보기로 했다.

혼잡한 시내를 빠져나오자, 이윽고 바이패스(자동차용 우회로)로 연결되어 마치 유료 도로처럼 넓은 들판을 똑바로 뚫으며 달리고 있었다. 오늘따라 이상하리만큼 차도 적었고, 도중에는 소형차 한 대를 만났을 뿐, 세상이 온통 나를 위해서만 있는 듯한 기분이 드는 그런 아침이었다. 얼마쯤 가서 작은 마을을 지났을 무렵, 갑자기 자욱이 안개가 끼기 시작하더니 금세 가시거리가 10m 정도밖에 안 되는 짙은 안개 속에 빠져들고 말았다. 이렇게 짙은 안개는 일찍이 내 기억에는 없었다. 나는 속도를 떨구고 얼마 동안을 달려 갔었는데, 이윽고 그 안개도 걷히고 다시 상쾌한 아침으로 되돌아갔다. 그러고 보니 거기는 목적지인 A마을 바로 근처였다.

(중략)

아침의 가벼운 운동은 몸의 컨디션을 좋게 하는지 요즈음은 환자의 처리도 잘 되고 있다. 오늘도 오전 중의 환자를 척척 처리해 나갔다. 절반쯤 환자를 처리하고 났을 때, 간호사가 의아한 얼굴로 명함 한 장을 들고 왔다. 누구일까 하고 받아 보니까 형사 아무개라고 씌어 있었다. 환자에 관한 일로 뭔가 문의하러 왔겠지, 하고 생각했다. 산부인과라서 진찰실로 모실 수는 없는 일이라 직접 응접실로 안내하도록 하고, 환자가 일단락된 틈을 타서 서둘러 응접실로 가보니까, 경찰관 두 사람이 정중히 인사를 한 뒤,

  경찰 : "선생님은 오늘 아침에 이러이러한 길로 자동차를 몰고 가지 않으셨습니까?"

  나 : "아, 네 갔었지요."

  경찰 : "그렇다면 선생님은 사람을 치고 뺑소니 치신 것을 자인 하시겠지요?"

나　　: "뭐라고요? 내가 언제 사람을 치고 뺑소니를 쳤단 말이요? 어처구니없는 말이군요. 나는 도중에 사람이라곤 단 한 명도 만난 적이 없는데요."

경찰 : "하지만 선생님이 사람을 치고 달아나는 걸 논에서 일을 하다가 본 사람이 있는데요."

나　　: "거기가 어디랍니까?"

경찰 : "바로 A마을 어귀입니다."

나　　: "A마을 어귀라고요? 아! 생각납니다. 내가 A마을 어귀에 갔을 때는 굉장히 짙은 안개가 끼어 있었기에, 주의해서 운전했으니까 그런 일은 절대로 없었다는 것을 자신합니다. 그렇게 짙은 안개 속에서는 논에 있는 사람도 무엇이 보일 리가 없어요. 그러니까 내가 아니고 안개가 끼기 전이라든가, 또는 안개가 갠 후에 지나간 차가 그랬을 겁니다. 내가 아니라는 것이 이해되셨으면 돌아가 주세요. 실례지만 보시다시피 환자가 붐비고 있어서 이렇게 지체할 수는 없어요."

경찰 : "선생님이 그렇게 말씀하신다면 차를 한번 보여주실까요?"

나　　: "좋습니다. 이게 열쇠입니다. 간호사에게 안내하게 할 테니까 내가 아니라는 걸 충분히 확인하고 돌아가 주세요. 그럼..."

　나는 아이가 없어서 시간을 빼앗긴 것에 화를 내면서 서둘러 진찰실로 돌아와 다시 진료를 시작했다.

　그런데 오래지 않아 간호사가 돌아와서는 "선생님 경찰관이 차고까지 좀 오시라고 하는데요."라고 했다. "뭐라고? 정말로 귀찮구먼."
나는 처치 중이던 손을 멈추고 환자에게 양해를 구한 뒤 급히 차고로 갔다. "어차피 차고 문이 잘 열리지 않거나 했겠지. 간호사에게 시키면 될 텐데…"하고 혼자 투덜거리면서 가보니까, 차는 벌써 밖으로 내놓았고 차의 우측 앞부분을 조사하는가 하면 사진을 찍기도 하고 있었다. 간호사까지 정신없이 들여다보고 있었다.

경찰 : "역시 선생님이군요. 서까지 동행해 주십시오. 차는 우리가 보관하겠습니다."

나 : "아니 이런 어처구니없는 일이!"

경찰 : "직접 여길 확인해 보시지요. 핏자국과 이 찌그러진 데를. 이렇게 찌그러져 있는데도 모른다고 하다니 경찰을 바보 취급하시는 게 아닙니까?"

나는 그 순간 숨도 못 쉬고 우뚝 서버렸다. 핏자국과 찌그러진 데가, 일부러 들여다보지 않아도 뚜렷이 보였다. 그러나 바로 지금까지 그런 일이 있었다는 것을 전혀 알지 못했다. 이건 악몽이다. 백주의 악몽이다. 이런 어처구니없는 일이 있어도 되는 걸까. 나는 손끝, 발끝에서부터 힘이 쫙 빠져나가는 것을 느꼈다.

경찰 조사실로 들어갔을 때도 아직 뭐가 뭔지 알 수가 없었다. 사실대로 몇 번이나 말했지만, 아무도 믿으려 들지 않았고, 고의로 거짓말을 하는 것이라고 단정하려 들었다.

오늘 아침, 안개가 끼어 있었다는 것을 마을 사람들에게 물어봐 달라고 부탁했다. A마을 어귀에서 이른 아침부터 김매기를 했다는 두세 명의 농부가 왔지만 "안개라니요? 그런 건 전혀 없었어요. 무엇보다도 이 근방은 안개가 엷게 깔리는 날은 있어도, 짙은 안개가 끼는 일은 예로부터 단 하루도 없었어요. 더구나 오늘 아침은 그 엷은 안개조차도 전혀 없었고요. 아주 좋은 날씨였어요."라고 이구동성으로 말하고 경멸의 눈초리를 던지며 돌아갔다.

 나는 유치장에 수감됐지만, 그래도 전혀 실감이 나지 않았다. 그러나 자신에게 아무리 그런 기억이 없었다고 한들, 한 사람의 생명이 내 차에 치여 죽었다. 충분한 보상을 해야 한다는 것은 알았지만, 그 밖의 일은 무엇을 어떻게 해야 할지 전혀 알 수가 없었다.

 결국 K씨는 사람을 치고 뺑소니를 쳤다는 것을 인정하게 되는데, 친구들의 노력으로 형벌만은 면하고, 유족과도 모든 요구 조건을 받아들임으로써 화해했다. K씨는 즉시 면허증을 반납하고, 이제는 나쁜 추억거리가 되어 버린 차를 헐값에 팔아 버렸다.

 그로부터 몇 달인가 지나서 K씨는, 그렇게 좋은 차를 70만 엔에 팔아 버린 자신을 되돌아보고, 그것을 싸게 사들였을 때의 100만 엔이라는 액수에 의문을 품게 된다. 그래서 K씨는 그 차의 전 소유주를 찾아내어 이 '닷지'를 헐값으로 내놓게 된 까닭을 알아보게 된다.

 회답은 참으로 놀라운 사실로 돌아왔다. 즉, C현의 전 소유주도 어느 봄날 아침 N온천으로 통하는 도로 위에서 갑자기 짙은 안개에 휩싸여, 사람을 치이고 뺑소니 사고를 일으켰었다. 그리고 실형을 받고 나서 차를 팔았다는 것이 쓰여있었다. 그래서 두 사람은 다시 그 앞의 소유주를 찾아보기로 했다. 그랬더니 전 소유주는 미국 북부에 사는 사람이었다는 것을 알게 됐다. 두 사람은 이 불가사의한 체험담을 적어서, 이것이 전혀 영문을 알 수 없는 사건이라 무엇인가 참고가 될 만한 일이 있다면 알려 달라고 부탁했다.

미국으로부터의 회답은 더욱 놀라운 내용이었다. 그 사람의 경우는, 완전한 새 차로 컨디션이 아주 좋았다고 한다.

신록이 무르익은 5월 어느 아침, 미국 북부의 삼림 고속도로를 짙은 안개 속을 뚫고, 120km 정도의 고속으로 달리고 있었다. 이 근방은 특히 짙은 안개로 유명한 곳이고, 또 절대라고 할 만큼 보행자가 없기 때문에, 늘 그렇듯 마음 놓고 고속으로 달리고 있었다. 그런데 하필이면 그날따라 갑자기 노상으로 사람이 튀어나왔다. 그는 아차 하는 순간, 브레이크고 뭐고 손 쓸 틈도 없이 그대로 차로 치고 말았다. 이때도 브레이크를 밟지 않았다는 것이 중시되어 무거운 벌을 받았다는 내용이 적혀 있었다.

두 사람은 이 세 가지 사건의 내용을 상세히 기록해서 C경찰서와 O경찰서에 제출했으나, 사건이 일단 처리된 뒤였기 때문에 참작되는 일도 없이 무시되고 말았다. 그래도 두 사람은, 처음에 치여 죽은 미국인 원혼의 무서운 집념에 몸이 떨리는 동시, 한편으로는 이 불가사의한 사건에 대한 어떤 종류의 위안을 얻게 되었다.

수기는 여기서 끝을 맺고 있다. 형사·민사 문제가 모두 해결된 뒤의 수기이니만큼, 자기변호가 필요 없는 K씨의 체험 그대로의 사실이었던 것으로 생각된다. 그런 만큼, 법정에서 마음에도 없는 진술을 해야 했던 억울함이 글 속에 배어있고, 그것이 차의 전력에 대한 탐색의 집념으로 변하여 의사회지에 게재하기에 이르렀을 것이리라.

그렇다면 이 의사가 체험한 짙은 안개는 실제로 삼대의 차에 걸쳐서 달라붙은 미국인의 원혼이었을까?

또, O시의 택시 기사가 본 여자 유령이란 무엇이었을까?

현대 문명의 정수를 결집한 자동차에만 유령이 나타나는 것은 무슨 까닭일까?

결론부터 먼저 말한다면, O시의 택시 기사가 본 유령도 의사의 불행한 체험도 모두 고속도로 최면 현상(highway hypnosis)의 전형적인 예에 지나지 않는다.

고속도로 최면 현상 ― 제트기에도 유령은 나타난다

1950년대 후반부터, 이런 곳에서 사고가 일어나리라고는 도저히 생각할 수 없는, 넓고 곧게 뚫린 고속도로에서 도리어 사고가 빈발하는 현상이 주목되기 시작했다.

하버드대학의 맥팔랜드라는 산업위생학(産業衛生學)의 연구원이, 광대한 아메리카 대륙의 고속도로를 밤낮으로 운전하고 있는 트럭 운전기사 50명을 조사한바, 그 가운데서 실로 30명이 환각을 체험하고 있다는 사실을 알게 되었다.

고속도로 | 완전 포장의 쾌적한 도로는 사람을 환각의 세계로 유인한다.

 핸들 조작이 전혀 필요 없는 넓디넓은 고속도로를 운전하고 있으면, 그 단조로움과 자극이 적은 데서부터 운전자는 졸음을 느끼게 된다. 그것을 억누르고 운전을 계속하고 있노라면, 차츰 주의력이 저하되고 방향이나 시간 감각이 상실되어 꿈속에서 헤매고 있는 듯한 느낌이 들면서 머릿속에 자꾸만 공상이 떠오르게 된다. 또한 그것이 현실의 이미지가 되어서 선명하게 보이게 된다고 하는, 특이한 정신 상태에 빠져들게 된다.

 환각은 이런 시기에 일어나는 것이다.

 H운수의 택시 기사들이 본 유령은 마침 피로가 절정에 달하고, 도로가 비게 되어 긴장이 느슨해지는 오전 0시 반부터 1시 사이의 시간대에, 더구나 빈 차로 운전하고 있을 때 나타났다. 또 무선으로 연락을 취하면

서 달리게 되고부터는 유령이 나타나는 일이 뚝 멎었다는 등의 사실로부터, 이것은 주의력 저하에 의한 고속도로 최면 현상인 것이 분명하다.

이 환각기가 더욱 진행되면 운전자는 마침내 졸음의 마귀를 이겨내지 못하고 큰 사고를 일으킨다.

단조로운 플리커의 왕복 운동을 지켜보게 하는 것은 최면의 도입 방법의 하나로 이용되고 있을 정도이지만, 이 잠들기까지의 의식 상태는 최면 상태와 흡사하다. 최면을 받는 시험자는 차츰 눈꺼풀이 무거워지고, 의식할 수 있는 범위가 좁혀져서 마치 꿈속을 걸어가듯이 시술자가 암시하는 환각을 보게 되어, 꼭두각시처럼 명령대로 행동하고, 시술자의 고함으로 급격히 깨어나며 시술 중의 자기의 행동 — 특히 최면 정도가 깊은 환각기의 행동 — 에 대해서는 전혀 기억이 없다.

또 최면에 들어갈 때부터 차츰 최면이 깊어져 가는 과정을 "선생님의 명령에 따르고 있는 동안에, 주위가 차츰 흐려져서, 마치 안개 속에 갇힌 듯한 느낌이었다."라고 말하는 사람이 많다.

즉, 고속도로 최면 현상이란 자동차라고 하는 좁은 공간에 혼자 갇힌 채 행동이 제한되는 환경에서, 가도 가도 변화가 없는 고속도로의 경치가 눈앞에 전개된다고 하는, 시각 자극의 단조로움이 장시간 되풀이되는 환경에서 일어나는 것이다.

인간의 대뇌는 관성화(慣性化)를 일으켜서 입력하는 감각 자극량의 저하를 초래하고 대뇌의 각성 상태를 유지하는 일이 차츰 어려워지게 된다. 그 결과 주의력이 저하되고, 의식할 수 있는 범위가 좁아지며, 의식의 성질이 변하여 일종의 최면 상태에 빠져드는 것이다.

여기서 앞선 산부인과 의사의 수기를 다시 상기해 보자.

의사 K씨는, 이른 아침에 아끼는 자가용 차를 몰고 왕진을 갔다. 사고는 바로 복잡한 시내를 빠져나와 마치 유료 도로와 같은, 넓은 들판에 시원하게 뚫린 바이패스에서 일어난다. 도중에는 마주 오는 차가 한 대뿐인 텅 빈 도로여서, 이 세상이 온통 자기만을 위해 있는 듯한 상쾌한 아침이라고 느낀다. 이것은 이미 가벼운 의식의 협소와 변질이 시작됐다는 것을 가리키는 기술이다.

그 후 의식 수준의 저하가 차츰 진행되어 "도중에 작은 마을을 지났을 무렵 갑자기 안개가 끼기 시작하더니 곧 짙은 안개 속으로 빠져들었다. 이렇게 짙은 안개는 이때까지 내 기억에는 전혀 없었고, 가시거리가 10m밖에 되지 않았다."라는 최면 상태에 빠져들고 말았다. K씨는 "속도를 떨구고 얼마쯤 달려가고 있었는데 웬일인지, 이윽고 그 짙은 안개도 말끔히 개고, 본래의 상쾌한 아침으로 되돌아가고 있었다."라고 했다.

당시 K씨의 의식 상태는 의식의 범위가 좁아지고 의식 수준의 저하가 극도로 진행되어, 바로 잠들기 직전의 상태에 있었던 것이다. 이후 "다시 본래의 상쾌한 아침으로 되돌아갔다."라는 것은 당연히, 그사이에 어떤 감각 자극이 가해졌기 때문에, 의식이 점차로 회복됐다고 생각하지 않으면 안 된다.

즉, 안개가 갠 것은 이 사이에 K씨가 운전하던 '닷지'가, 도로 한복판에 있던 여인을 치고, 그 충격으로 말미암아 K씨의 의식이 차츰 맑아시기 시작했다는 것 이외의 다른 것이 아니다.

　더욱이 불행했던 일은 K씨의 의식 수준의 저하가 심했다는 것과, 차의 중량이 무거운 외제 차였기 때문에 충돌 때의 쇼크가 비교적 가벼워서, 그 자리에서 K씨의 정신을 완전히 각성시킬 만한 자극량이 되지 못했다는 점이다. K씨는 무슨 일이 일어났는지를 충분히 인식하지 못한 채, 계속하여 차를 몰다가 결국 여인을 치어 죽음에 이르게 하고, 또 본의 아니게 뺑소니의 죄까지 쓰게 된 것이다.

　K씨가 항상 바쁘고 수면 시간이 극히 불규칙한 산부인과 의사였다는 점, 그리고 그 시각이 아직 수면의 리듬으로부터 각성의 리듬으로 충분히 전환되지 않은 이른 아침 — 너무 이른 시각에 잠이 깨면, 다시 두벌잠을 자게 되기 쉬운 조건에 있다. 하물며, 새벽이 되어도 단잠이 쉽게 깨어지지 않는 5월은 가장 깊은 잠에 빠지기 쉬운 계절이다 — 이었다는 것이, 비교적 짧은 시간의 운전으로 쉽게 고속도로 최면 현상을 일으키게 한 원인이다. 또 K씨는 이 '닷지'차의 전 소유자가 마찬가지의 인사 사고를 낸 것을, 차에 치여 죽은 미국인의 원혼과 결부시키고 있다. 그러나 나의 추측으로는 아마도 그 '닷지'차는 오토매틱으로, 시트도 몸이 푹 빠질 정도로 푹신푹신하고 부드러워서, 인체 공학적으로 지나치게 편하게 설계되어 있었을 것이다. 전면의 유리도 파랗게 코팅되어 있어 마치 비행기의 조정석에 앉아 있는 것 같은, 지상으로부터의 격리감을 주는, 그 무렵의 고급 승용차를 나는 기억하고 있다. 이와 같은 구조상의 안락 위주의 설계가 도리어 화근이 되어, 잇따른 고속도로 최면 현상에 의한

사고를 일으킨 것으로 생각된다.

또 이 무렵의 일본에서 외제 차를 자신이 운전할 만한 계층은, 경제적으로 상당히 유족한 대신 자칫 몸을 혹사해서 과로에 빠지기 쉬운 사람이 많았다는 것도 또 하나의 원인이다. 이 차의 전 소유자도 예외는 아니었을 것이다.

고속도로 최면 현상과 비슷한 현상은 제트기의 조종사에게도 나타난다.

하버드대학의 베네트에 의하면, 긴장이 강한 이륙이 끝나고 상승하

제트기의 코크핏 | 이륙시의 강한 긴장으로부터 해방되어, 조종사는 조종실에서 갑자기 공중의 고립감에 사로잡힌다.

여 고공 단독 수평 비행을 얼마쯤 계속하고 있는 동안, 조종사는 갑자기 머리가 혼란해지고 자신이 주위와는 전혀 접촉을 상실해 버렸다는 고립감에 빠져들어 우울한 기분이 되거나 꿈속을 헤매는 기분이 된다. 그리고 조종실이 갑자기 넓어다가 좁아졌다가 하는 지각 이상이나 방향 감각의 상실 현상이 일어난다.

이 현상은 브레이크-오프 현상이라고도 불리는데, 미국의 클라크의 조사에 따르면, 조종사 137명 중 48명이 이 현상을 경험했으며, 그중의 18명이 불쾌감을 수반하는 체험이었다고 한다.

이 현상은 개인차가 심하며 조종사의 성격과 관계가 있다고 한다. 괌섬의 정글로부터 살아서 돌아온 요코이 쇼이치(橫井 庄一)라는 사람처럼, 고독에 강한 성격의 사람에게는 나타나지 않는 것이다.

이 두 가지 현상은 모두, 혼자서 좁은 공간에 갇히고 기계 조작 등의 작업으로부터 해방되어 단조로운 감각 자극이 반복되는 상황에 인간이 놓였을 때 일어나는 현상이다. 환각은 고립과 감각 자극의 저하라고 하는 두 가지 조건 아래서 일어나는 것이다.

근대 의학의 진보도 이와 같은 환경을 얼마간 만들어 내고 있다.

병원의 유령 — 철폐의 환각

소아마비에 걸려 오랫동안 철폐(鐵肺)에 갇혀서 천장만 바라보고 있어야 하는 환자에게 한밤중에 환각이 일어난다는 것은 전부터 알려진 일이다.

환각의 내용은 환자의 비참한 현실을 부정하고, 자신의 욕구를 충족

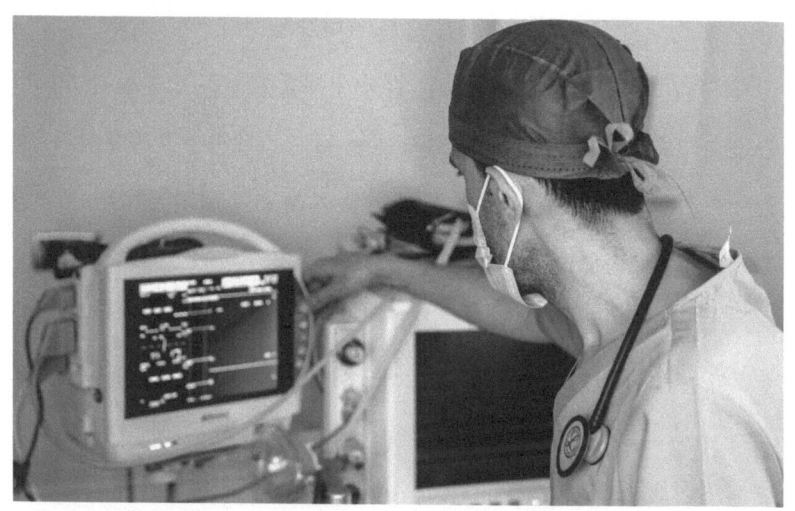

CCU의 실제 | 환자는 TV 카메라와 각종 모니터를 통하여 간호사실에서 관리된다.

시키는 따위의 환각이라기보다는 공상적 환상이라고 해야 할 성질을 지니고 있다. 최근의 종합병원은 수술 후의 집중관리실(ICU), 중증 심장질환 관리실(CCU)이라고 불리는 특수한 병실을 갖고 있다. 환자는 심전도 등의 모니터를 붙여서 독실로 격리되고, 간호사는 떨어져 있는 너스 스테이션에서 텔레비전 카메라에 비치는 환자의 상태와 모니터를 통해서 시시각각 폴리그래프(동시 기록 장치)로 보내지는 심전도, 호흡 곡선, 맥파 등의 생체 정보에 의해서 극히 합리적, 능률적으로 환자를 관리하는 시스템이다. 녹색이 침정색(沈靜色)이라고 하는 심리학의 학설에 근거해서 방 전체를 완전히 녹색으로 통일하고 있는 병원도 있다.

나는 최근 이와 같은 ICU에 직장암을 수술한 후 병실에 들어가 있었던 어느 정신과 교수의 체험담을 듣는 기회가 있었다.

그에 따르면, 녹색으로 통일된 천장에 새빨갛고 큰 장미꽃이 피어나는 운동성 환시(幻視)와 멀리 떨어져 있는 너스 스테이션의 간호사가 "저 환자는 사실은 암이래. 손쓰는 게 늦어서 이젠 얼마 남지 않았다고 담당 선생님이 말씀하셨어."하고 속삭이는 말이 또렷이 들렸었다고 했다.

물론 그 교수는, 이것이 주위로부터 완전히 감각을 차단당한 환경에 놓였기 때문에 일어나는 환각, 즉 감각 차단성 환각이라는 것을 누구보다도 잘 알고 있었다. 그리고 간호사실의 소리가 거기까지 들려오는 일은 물리적으로도 있을 수 없는, 환청(幻聽)이라는 것을 분명히 자각하고 있었지만, 아무튼 그렇게 들려왔던 것이다. 교수 자신도 수술한 후의 불안이 간호사들의 속삭임으로 되어서 그렇게 들려왔을 것이라고 말하고 있었다.

이와 같이 환각을 일으키는 것은 중병에 걸려 있다고 하는 정신적 불안과 육체적 쇠약 상태, 마취제의 영향 등도 무시할 수 없다.

그러나 환각을 일으키는 최대 요인이 감각 차단적인 환경에 있다는 것은 하버드대학 정신과의 솔로몬 교수가, 건강한 사람을 철폐 속에 넣어 본 결과 같은 환각을 일으킨다는 것을 실험적으로 증명한 사실로부터 명백해졌다.

2. 외톨이의 심리
고립성 환각과 감각 차단성 환각

대서양의 단독 여행

감각 차단적인 조건이 적고, 고립 상황이라는 조건만이 강조되더라도 역시 환각은 일어난다. 이것은 고립성 환각이라고 불리며 극지나 바다, 사막에서의 단독 탐험의 수기 등에서 자주 볼 수 있다.

여성의 몸으로 북극점에 16일 동안이나 혼자 있었던 크리스티네 리터 부인은, 밤이 되면 아무도 있을 리가 없는 눈벌판 위에 괴물이 나타나거나, 누군가가 스키를 타는 소리를 분명히 듣거나 했다. 또 극천(極天)의 신비스러운 달빛 속으로, 온몸이 녹아드는 것 같은, 또는 달빛에 자신이 먹혀들고 있는 듯한, 일종의 이인(離人) 체험이 일어났다고 했다.

대양과의 투쟁 | 작은 요트를 단독으로 조종하여 대양을 횡단하는 데는 엄청난 체력과 정신력이 필요하다.

린데만이 혼자서 요트를 몰고 대서양을 횡단했을 때의 체험도 유명하다.

린데만은 장도에 오르기 1년 전부터 용의주도한 준비와 자기 단련을 강행했다. 항해를 시작한 지 3주째부터 닻이나 노걸이에서 "말은 돌아가는 길을 알고 있다. 너는 조용히 잠을 자고 있어도 돼."라는 소리가 들려오거나, 사람의 형상이 보였는가 하면, 금세 말로 변해 버리는 따위의 환각이 나타나기 시작했다. 당시 린데만은 수면 부족이 계속되었고, 식사도 제대로 못 한 상태였기 때문에, 곧 식사를 하고 충분한 수면을 취하자 환각이 사라졌다고 한다.

바다는 절대 단조롭지 않으며, 나날이 현기증이 날 만큼 변모하기 때문에, 그것에 대응하기 위해 린데만은 식사도, 수면도 제대로 취할 수 없을 만큼 바빴다. 따라서 이 같은 환각이 단조로운 감각 자극에 의한 좁은 의미에서의 감각 차단성 환각이 아니라는 것은 명백하다.

그 후, 그가 폭풍우와 싸우고 있을 때, 영국의 기선이 그의 요트를 발견하고 구조하려 했으나 그는 단연코 거절했다. 이때, 기선의 브리지에서 망원경을 든 사람이 "린데만씨, 당신은 결코 완고한 고집쟁이가 아니겠지요."하고 말을 걸어 왔다고 한다. 그러나 나중에 생각해 보니, 브리지에 망원경을 든 사람이 있던 것은 사실이지만, 그 배에는 독일어를 말할 수 있는 사람은 한 사람도 없었다고 한다.

—『이상심리학 강좌』(10)에서 발췌

이 환청은 앞선 정신과 교수가 들은 간호사가 속삭이는 소리와 같은 성질로, 자신을 변호하는 린데만의 내심의 소리였을 것이다.

이같이 고립성 환각에 있어서는 수면 부족, 굶주림, 극도의 피로 등 육체적 조건이나 조난의 불안 등에 의해서 여러 가지 변화를 볼 수 있다. 또 환각의 성질도 분명한 진성 환각(眞性幻覺)이 아니라, 자신의 욕구를 대행해 줄 만한 내용의 환상에 가까운 것이 많다고 한다.

세뇌와 기업체의 사원 교육

이상에서 보아온 바와 같은 환각은, 모두 넓은 의미의 감각 차단성 환각으로 정리될 수 있다. 이와 관련하여 맥길대학의 헤론 교수 등은, 인공적으로 인간의 감각을 차단하게끔 만들어진 실험실에 피험자(被驗者)를 넣고, 환각을 일으키는 '환각 실험'을 했다.

이 '환각 실험'의 힌트가 된 것은 놀랍게도 한국동란 때, 중국군의 포로가 되었다가 귀국한 미국 군인이 받은 너무나 완벽한 세뇌 효과였다. 코넬 메디컬센터의 힌켈 박사 등은 이들 군인을 면접하고, 그들이 어떠한 방법으로 그토록 짧은 기간에 완벽하게 '세뇌'를 받게 되었는가를 상세히 조사했다.

그것에 의하면, 포로들은 수용소로 분산되어 독방에서 완전한 격리 상태에 놓인다. 부득이 몇 사람을 한 방에 넣어야 할 경우에는 소속 부대도 출신지도 다른, 공통성이 적은 사람들을 골라서 조를 짠다. 그런 다음에 포로 가운데에 중국의 스파이가 섞여 있다는 소문을 퍼뜨려서 포로

들 상호 간에 의심과 불신을 불러일으켜 정신적인 고립감을 높인다. 또 수용소는 비좁고, 추운 데다 밤에도 대낮처럼 조명을 밝게 켜 놓는다. 그러고는 일부러 한밤중에 끌어내어 심문하거나 하여 피로와 정신적 고통, 수면 부족을 일으키게 한다. 또 형편없는 식사에다 양마저 줄여서 기아 상태로 만드는 등, 온갖 방법으로 스트레스를 높여서 정신적인 고립을 심화시킨다.

이런 상태가 장기간 계속되면, 아무리 의지가 강한 군인이라 할지라도 심문하는 자가 적군이건 누구건 상관 않고, 인간관계를 갖고 싶다는 욕구가 강해진다. 심문자에게 순종하는 태도를 보이게 되고, 암시에 걸리기 쉬워지며, 자기 자신에 대한 판단력이나 판별력이 저하되어, 상대의 뜻대로 조종되는 로봇처럼 돼 버리는 것이다.

힌켈 박사는 '세뇌'가 일어나는 원인 가운데서 가장 큰 것은, 전우도 믿을 수 없다는 정신적 고립감이라고 말하고 있다. 용의자가 독방에 갇혀서 밤낮없이 문초를 당한 끝에, 지칠 대로 지친 상태가 됐을 때 취조관이 내미는 담배 한 개비에 그만 감동하여 자백하고 만다는, 예로부터의 경찰의 '함정'식 방법은 세뇌와 다분히 흡사한 방법이다.

또 이 방식은 자유토론(Brainstorming)이라든가, 감수성 훈련(Sensitivity Training. 줄여서 S·T)이라고도 불리며, 기업체의 사원 교육에도 활발히 이용되고 있다.

평소에는 바쁜 기업의 중견 간부가 주말 등을 이용하여 교외의 호텔에 감금되다시피 한다. 거기서 전혀 알지도 못하는 다른 기업의 간부들과 얼굴을 맞대고, 삶의 보람이니, 인간관계니 하는 속세와는 동떨어진 테마로 정신적인 벌거숭이가 된 채 밤낮없이 집중 토의를 강요당한다.

이런 상황에 놓이면, 인간이 평소 정신적 무장 속에 꼭꼭 감춰 놓고 있던 뜻밖의 측면과 본바탕이 단번에 드러내어진다. 또한 그것이 잘 통합·재구성되었을 때는, 마치 사람이 달라진 것 같은 충실감을 맛보게 되어, 이튿날부터 다시 기업 전선으로 복귀할 수 있다. 그러나 S·T는 작용이 강렬하기 때문에 역효과가 나오는 경우도 있다. 자아(自我)의 통합력이 약하고, 자기 나름으로 자아 방어의 메커니즘에 의해서 간신히 사회에 적응하고 있었던 사람이 집단 속에서 그 방어벽이 파괴되고, 더구나 트레이너의 적절한 조치가 취해지지 않았을 경우에는 공포에 빠져들어, S·T 후의 정신 장애를 일으키는 예가 결코 적지 않기 때문이다.

어느 정신병원에서 발행하는 기관지에 『S·T 후유증을 극복하고』라는 제목의 퇴원 환자의 감상문이 실려 있었다. 내용은 S·T 중에 환자의 병적인 공격성이 해방되어 트레이너도 도저히 수습할 수 없는 조울증의 조 상태(躁狀態)가 되어, 부득이 정신병원에 넣어졌다가, 퇴원 후에도 가벼운 조 상태가 계속되고 있는 것으로 짐작되는 글이었다. 이 환자는 공격성이 병적일 만큼 강한 성격이어서, 그것이 방위력이 되어 가까스로 사회에 적응하고 있었다. 이 환자는 S·T를 받지 않았다면 발병하지 않았을지도 모른다. 이같이 자아의 자율성이 약한 사람에게는 S·T는 유해하기 때문에, 대상을 선정할 때 신중을 기할 필요가 있다.

S·T는 대상의 선택, 트레이너의 숙련도에 따라서 독이 되기도 하고

약이 되기도 하는 쌍날의 칼이다.

그 내용이 실무적인 것에 국한되고, 인간의 심층 심리에 저촉되는 일이 없는 신입 사원의 연수 등은 그런 위험성이 적다. 이 같은 특별 훈련이 효과를 발휘하는 이유는 산장 등에서 일정 기간 속세로부터 격리된 상태에서 집중적인 교육을 받는 데에 있는 것으로 보고 있다.

전 세계를 깜짝 놀라게 한 캠프 데이비드의 성과(미국이 중재한 이집트와 이스라엘의 화해 공작)는 이 S·T 효과를 노린 카터 대통령의 일생일대의 도박이었다. 위급한 사태에 처한 세 수뇌를 수일간에 걸쳐 밀폐 상태로 하는 스케줄 조정에 성공했을 때, 이미 승부가 났다고 해도 과언이 아니다.

생각건대, 일본의 대표적인 정신 요법의 하나인 '모리타 요법(森田療法)'도 신경증 환자를 한 달 동안 독방에 입원시켜 오로지 자기 관찰을 계속 시키는 일종의 '세뇌' 요법이라고 할 수 있다.

환각 실험 — 암흑 풀(Pool)의 고독

이상과 같은 세뇌 효과에 힌트를 얻어서 캐나다의 맥길대학의 헤론 교수 등은, 인간의 감각을 가능한 한 차단하는 실험실에 피험자를 넣어 인공적으로 환각을 일으키게 하는 데에 성공했다. 그는 '자원' 대학생들을 완전 방음 된 독방의 침대 위에 눕혀두고, 밝고 어두운 것은 짐작할 수 있어도, 물체의 확실한 윤곽을 알아볼 수 없는 반투명 안경을 쓰게 했다. 그리고 용변을 볼 때만 방에서 나갈 수 있고, 되도록 오랫동안 실험실에 갇혀 있게 하는 실험을 했다. 헤론 교수 등은 나중에는 감각 차단을 완전하게 하려고 피험자를 미지근하고 캄캄한 물에 넣어 몸을 띄워 놓는 철저한 방법을 취했다.

이런 상태에 인간이 장시간 놓이게 되면, 주의를 집중하는 일이 곤란해지고, 또 정리된 계통적인 사고를 할 수 없게 된다. 또한 피험자의 머릿속은 연달아 떠오르는 단편적인 생각으로만 흘러가서, 결국에는 아무것도 생각할 수 없게 된다. 이 시기에는 특유의 지각 장애, 인식 장애가 일어나고, 피험자는 자신이 깨어 있는지, 잠들어 있는지조차 분간할 수 없게 되어, 불안에 휩싸이고 감정적으로도 불안정하게 된다.

환각은 이 시기에 일어나는데, 대부분의 피험자는 이것이 환각이라는 것을 자각하고 있으며, 이 점에서 이미지에 가까운 성질을 지니고 있다. 환각은 환시(幻視)가 대부분으로서, 생생하고 선명하게 전방에 나타나며, 이것을 자기 의지로 지워 버리는 등 제어할 수가 없다. 환시는 빠른 사람은 격리된 지 20분 후, 늦은 사람은 70시간 후에 일어나는데, 시간의 경과에 따라 광점(光點)이나 기하학적인 무늬 등의 단순한 것에서부터, 차츰 복잡한 것으로 변해 간다.

이 환시는 운동성의 요소가 있는 일이 많고, 담벼락이 길을 가로지르거나, 쓰러지거나 하는 등, 불쾌한 감정을 수반할 수도 있다. 지각 장애로서는 실험실의 벽이 튀어나왔다가 들어갔다 하고, 휘어지거나 부풀었다 하며, 색깔의 농도도 변화한다고 한다.

흥미로운 일은 이때 방향 감각 장애가 일어나는 것인데, 용변을 보기 위해 밖으로 나온 대학생들은 화장실의 방향을 알 수 없어서 한참 동안 복도를 헤맨 끝에, 조수에게 이끌려 간신히 화장실에 당도하는 형편이었다고 한다.

이것으로 산에 익숙한 등산 리더가 어처구니없게도 초보적인 판단 실수를 저지르고, 상식으로는 생각할 수 없는 장소에 빠져들어, 결국 전원이 조난사 당하게 되는 이유를 이해할 수 있을 것이다.

끝없이 새하얗기만 한 눈보라 속에서 장시간 드러나 있는 동안에는 감각 차단 현상이 일어나, 먼저 판단력이 저하되고 이어서 방향 감각이 흐트러진다. 등산 베테랑이 자기 집 마당처럼 훤히 지리를 알고 있는 장소에서 개미 쳇바퀴 돌듯하다가, 산막 일보 직전에서 조난사를 당하는 것이다.

3. 환상의 세계
민화·문학에 나오는 감각 차단성 환각

여우에게 홀린 이야기

옛날처럼 인가가 적고, 인간이 여우나 너구리와 사이좋게 공존하던 시절에는, 가는 곳마다 여우나 너구리에 홀린 얘기를 들을 수 있었다. 또 거꾸로 인간이 여우에게 한 방 먹인 얘기도 '왕자의 여우'라는 제목으로 이야기 끝에 나온다.

그런데 이런 홀리고 홀리는 얘기의 줄거리는 극히 단순해서 '옆 마을 혼사에 초대를 받아 가서, 밤길을 돌아오다 길을 잃었다. 그런데 다행히도 초롱불을 든 사람이 있기에 뒤따라가다 보니, 어느새 그 사람이 사라져 버렸다. 이튿날 아침, 정신이 들고 본즉 밤새껏 논바닥을 헤맸는지, 온몸이 흙투성인 데다, 덤으로 가졌던 선물마저 빼앗기고 말았다'든가, 또 '옆집 처녀가 와서 목욕을 하라기에 기분이 좋아서 욕탕 속에 들어가 있었더니, 똥독이었더라'라는 얘기, 또 '만두인 줄 알고 먹었더니 말똥이었다'든가, '물건값으로 받은 돈이 어느새 나뭇잎으로 둔갑했더라'는 등 터무니없는 얘기들이 많다.

첫 번째 얘기는 취중이었다는 것과 캄캄한 밤의 감각 차단성 환각이라는 것으로 말끔히 설명할 수 있다. 가도 가도 인가 하나 없는 황야나

숲속을 걸어가고 있는 동안에, 해까지 지고 나면 완전히 감각 차단적 환경으로 되어 버려, 방향 감각이 이상해져서 뜻하지 않은 방향으로 나가거나, 같은 장소를 쳇바퀴 돌 듯하게 된다.

또 캄캄한 밤에 앞쪽에 길이라고는 있을 턱이 없는 산속에, 수많은 초롱불이 산을 타고 가는 등의 환각이 일어난다. 이 환각은 '여우의 횃불'이라 불리며, 도처에 민화(民話)로 남아 있다.

혼례의 잔치 술에 거나해진 늙은이가 초롱불을 갖지 않고 나섰다가, 어두운 밤에 동구 밖에서 자기를 안내해 주는 초롱불의 환각을 보고는, 차츰 최면 상태가 깊어지고, 눈앞이 캄캄해져서 땅바닥에서 잠들어 버린다. 이튿날 아침 깨어보니, 논바닥을 맴돌고 있었다는 것을 알게 된다. 선물 따위는 여기저기로 내던져 버렸겠지만, 그런 것들은 언제나 여우에게 빼앗긴 것으로 되어 버리는 것이다.

이 같은 얘기는 오늘날에도 의외로 주변에 존재하고 있다.

전쟁이 끝난 직후, 피란차 고향으로 돌아가 마을 의사 노릇을 하고 계셨던 나의 부친이, 한밤중에 멀리 떨어진 마을로 왕진을 가셨다가 동이 틀 무렵에야 돌아오신 일이 있다. 이때 부친은 한잠도 못 주무시고 기다리시던 모친에게, 이렇게 말씀하셨다.

"그 마을을 나와 한참 동안 자전거를 타고 오는데, 뒤의 짐받이에 뭔가 짐승 같은 것이 올라타고 있는 듯한 기분이 들었어. 그 순간, 눈앞이 캄캄해지며 뭐가 뭔지 모르게 됐지. 이건 분명히 너구리란 놈이, 짐받이에 실은 선물로 받은 만두를 노린 거구나 하고 생각하여 보따리를 뒤로 휙 던져주곤 자전거에서 내려 그대로 가만히 웅크리고 있었지. 웬만큼 시간이 지나고서, 겨우 눈앞이 똑똑히 보이기 시작하길래, 다시 자전거를 타고 돌아왔지."

부친이 왕진을 가신 마을은 도(道)의 경계로서, 분수령을 이루는 O고개 가까이에 있고, 다음 마을까지는 20분 가까이 페달을 전혀 밟지 않아도 될 만한 완만한 내리막길이다. 도중에는 전혀 인가가 없고, 길 양쪽은 울창한 나뭇가지가 우거져서, 자연의 터널을 이루어 마치 숲속으로 뚫려있는 길과 같았다. 바쁜 마을 의사가 늘 그렇듯이, 수면 부족이 누적되었던 부친은 돌아오는 길에 왕진의 긴장감으로부터 해방되어 마음이 해이해졌을 것이다. 이런 상태로 깊은 숲속과도 같은 밤중의 비탈길을 자전거에 몸을 맡기고 내려오는 동안에 감각 차단 현상에 의한 최면 상태에 빠져 드셨을 것이다. 곧 자전거를 내려 가만히 계셨고, 다행히도 자동차 따위가 좀처럼 다니지 않는 곳이라 사고를 면할 수 있었던 것이다.

나도 아이들을 데리고 C라는 곳에 드라이브를 나갔다가, 때를 놓치고 밤길을 돌아오게 되었는데, 길을 잃어 한 시간 남짓이나 같은 곳을 맴

돈 일이 있었다.

C와 같은 평탄한 곳에서는, 어디나 비슷한 길뿐이어서 변화가 없는데다 밤이 되면 표지물이 안 보인다. 길을 물으려 해도 집들이 다 잠겨있어 똑같은 착각을 되풀이하는 바람에, 뱅뱅 돌다가는 몇 번이고 같은 네거리에 나와 버리게 된다. 시간이 늦어 초조했다는 점, 피로가 극도에 달해 있었다는 점, 공복이었다는 점 등의 조건이 겹쳐서, 이와 같이 방향을 잃어버렸을 것이다.

이런 뒷에 '홀린 얘기'에 에로틱한 요소가 가미된 것이 바로 다음과 같은 괴기담이다.

아사지케 주막

일본의 유명한 괴기담 집 『우월(雨月) 이야기』 가운데서 가장 빼어난 작품인 『아사지케 주막』은, 중국 청나라의 백화소설(白話小說:중국의 현대 회화체로 써진 소설)의 번안으로, 『전등신화(剪燈新話)』가 그 원전으로 알려져 있다.

중국에는 이와 비슷한 얘기가 예로부터 많이 전해 오고 있으며, 육조(六朝) 시대에 나온 『수신기(搜神記)』, 『수신후기(搜神後記)』, 『이원(異苑)』, 『녹이전(錄異傳)』이나 당나라 시대의 『유양잡조(酉陽雜俎)』, 송나라 시대의 『계신록(稽神錄)』 등에서도 얼마든지 볼 수 있다. 이들 설화의 원전(原典)으로 보이는 육조 시대의 얘기가 현대어로 번역된 『중국괴기전집(中國怪奇全集)』으로 나와 있는데, 그것은 대체로 다음과 같은 내용이다.

〈하룻밤의 인연〉

강소(江蘇)의 곡아(曲阿)에 살던 진수(秦樹)라는 학생이 상경했다가 돌아오는 길에, 집까지 거의 다 와서 날이 저물어 길을 헤매게 되었다.

난처해진 진수는 어딘가 인가가 없을까 하고 사방을 둘러본즉, 멀리 인가의 불빛 같은 것이 보였다. 그래서 그 방향을 좇아서 간신히 산길을 더듬어 가 보니, 산기슭에 단칸방의 작은 집 한 채가 있었다.

안에서 젊은 여자가 나와, 혼자 사는 집이라서 곤란하다고 거절하는 것을 애걸하다시피 해서 겨우 하룻밤을 묵게 되었다. 얼마 후 밥상이 나오고, 처음에는 경계하는 기색이었던 여자도, 진수가 젊은 학생이었으므로 차츰 태도가 누그러졌다. 하지만 워낙 좁은 방이라, 자연히 손발이 닿고 하는 동안에 두 사람은 그만 잠자리를 함께하게 되었다.

이튿날 아침, 진수가 여자의 손을 잡고 "꼭 데리러 올 테니까 기다려요." 하고 말하자, 여자는 어찌 된 일인지 눈물을 머금고, "이제 가시면 다시는 못 만날 것 같아요." 하고 울먹이는 것이었다. 진수는 의아하게 생각하면서 얼마쯤을 걸어가다가 문득 뒤를 돌아다본즉, 어찌 된 일일까? 지난밤에 묵었던 집은 온데간데없고 거기에는 커다란 무덤이 있을 뿐이었다.

—『이원(異苑)』

이 얘기는 일련의 괴기담의 원형을 이루는 것으로 생각된다.『수신후기』의『두 개의 무덤』, 당대의『유양잡조』가운데에 나오는『부인의 무덤』, 송대의『계신록』의『두 개의 떡』등도 이 얘기와 거의 같은 줄거리이다. 여자의 집인 줄 알았던 것이, 되돌아가 본즉 두 개의 무덤이었거나, 으리으리한 큰 저택인 줄 알고 하룻밤을 묵고 나왔더니 폐가였다라든가, 고대광실로 보였던 것이 커다란 무덤이었더라는 등의 변화가 있을 뿐이다.

이것에 비해『수신기』에 나오는『황금 베개』,『빨간 윗도리』, 오(吳)나라 왕 부차(夫差)의 딸에 얽힌『녹이전』에 나오는『무덤 속의 합환』의 세 가지 얘기는, 모두 망령과의 교합이 밤낮 사흘 동안으로 길다는 것, 망령으로부터 받은 선물 때문에 주인공이 도굴꾼의 혐의를 쓰게 된다는 두 가지 공통점이 있다.『황금 베개』라는 작품은 다음과 같은 내용이다.

〈황금 베개〉

농서(隴西)의 신도도(辛道度)라는 젊은이가 유학길에 올랐는데, 노자가 떨어져서 허기진 배를 움켜잡고, 간신히 옹주(雍州)라는 마을까지 당도했다.

거기에는 마침 커다란 저택이 있었기에, 젊은이가 하룻밤 묵어가기를 청했다. 그곳은 '진녀'라는 여인의 저택이라고 하며 안으로 안내되었다. 훌륭한 식사가 나왔고 곧이어 젊고 아리따운 여주인이 나타났다.

여자는, 자신은 진(秦)나라 왕의 공주로서 조(曹)나라로 시집 왔는데, 혼례도 올리기 전에 남편과 사별하고, 그로부터 홀로 지내왔다는 얘기를 하다가 결국 두 사람은 한 이불 속에 들게 되었다.

꿈같은 사흘 밤, 사흘 낮이 지나갔다. 나흘째가 되는 날 아침, 여자는 "섭섭하고 아쉬운 마음이야 이루 말할 수 없으나, 사흘 밤을 지나고 나면 재앙이 생기기 때문에, 헤어지지 않으면 안 됩니다."하고 눈물을 흘리면서, 황금으로 된 베개를 선물로 주었다.

젊은이가 대문을 나와 뒤를 돌아다본즉, 저택은 간데없고 주변에는 풀이 무성한 곳에 커다란 무덤 하나가 있을 뿐이었다.

마을에 당도해서 그는 그 황금 베개를 팔았는데, 그것이 마침 진나라 왕비의 눈에 띄게 되어, 그는 도굴 혐의로 조사를 받기에 이르렀다. 그가 필사적으로 사정을 설명하자, 왕비는 눈물을 흘리면서 듣고 있다가, 그래도 미심쩍어 옹주 교외에 있는 딸의 무덤을 파헤쳐 보기로 했다.

황금 베개 이외의 다른 부장품은 모조리 그대로 있었는데, 딸의 몸을 살펴본즉 정을 통한 흔적이 분명했다. 왕비는 비로소 신도도를 믿게 되고, 그를 사위로 삼아 부마도위(駙馬都尉)라는 관직에 임명하여, 황금 마차에 태워 고향으로 돌려보냈다.

그로부터 부마(副馬)라는 뜻이었던 부마(駙馬)가, 임금의 사위라는 뜻으로 세상에 쓰이게 되었다고 한다.

— 『수신기』

월(越)나라 왕 구천(勾踐)과의 각축으로 유명한 오나라 왕 부차(夫差)의 딸, 옥(玉)에게 얽힌 『무덤 속의 합환』이라는 얘기도 망령과 사흘 동안을 지냈다는 점, 의심 많고 잔인한 성격의 부차가 도굴한 것을 괴담으로 꾸며서 위장하려 했다고 하여 주인공을 체포하라고 명령한 점까지, 이 얘기와 흡사하다. 밤낮 사흘이라는 숫자에는 아마도, 그것이 살아 있는 사람이 망령과 교섭할 수 있는 한도라고 여겼던 당시의 미신과도 관련이 있는 것으로 생각된다.

그렇다면, 이러한 괴기담에 공통되는 패턴은 무엇일까?

홀로 길을 떠난 젊은이가 길을 잃고 곤경에 빠진다. 어딘가 하룻밤을 지낼 곳이 없을까 하고 걱정하던 중에 우연히 인가의 불빛 같은 것이 보인다. 간신히 그곳에 당도해서 하룻밤의 잠자리를 애걸한다. 이윽고 식사가 나오고, 그 집의 아리따운 여주인이 나와서 동침하게 된다. 하룻밤을 지내고 제정신이 들고 본즉, 큰 저택인 줄 알았던 것이 뜻밖에도 능이나 무덤, 또는 폐가였거나 하여, 그렇다면 어젯밤의 주인은 이 무덤의 망령이었구나 하고 깨닫게 된다는 패턴이다.

이것을 정신의학적으로 해석하면……

장시간 동안, 인가 하나 없는 막막한 황야를 혼자서 걸어가고 있던 사람이 날은 저물고, 피로와 굶주림으로 어딘가 주막이라도 없을까 하고 차츰 불안한 정신 상태에 놓여 있는 동안에, 감각 차단성 환각을 일으켜서 최면 상태에 빠져든다. 무덤이나 폐가를 인가로 착각하고 간신히 당도하여서는 안도의 숨을 내쉬며 지쳐서 금방 잠이 들어 버린다. 거기서 최초의 원시적 욕구인 식욕을 채우는 꿈을 꾸고 나서, 금방 깊은 잠에 빠진다. 그러고는 새벽에 수면이 얕아지는 렘(REM) 수면기(눈앞의 운동이 급속히 일어나는 수면기)에 이르면 음경의 발기가 일어나기 때문에(제3장 참조), 그 자극으로 생생한 성몽(性夢)을 꾸게 되고, 그 순간 깜짝 놀라서 깨어보니, 저택은 무덤이었고, 여주인은 망령이었더라는 괴담이 성립되는 것이다.

또한 육조(六朝) 시대에, 망령으로부터 선물로 받은 값비싼 『황금 베개』와 비슷한 얘기가 많은 것은, 신분이나 지위가 높은 사람을 위해 커다란 능이나 무덤이 쌓아졌던 이 시기에 도굴이 횡행했었다는 배경이 있었기 때문일 것이다.

『황금 베개』 얘기는 분명히 도굴과 시간(屍姦)이 행해지고 있었다는 것을 말해준다. 주인공은 도굴의 죄를 문초당하자 견디다 못해 괴기담을 꾸며냈을 것으로 생각되지만, 아이러니하게도 당사자나 그보다 한발 앞선 도굴자에 의해서 시간이 행해졌다는 것이 실증되어 처형을 면할 수 있었던 것이다.

흥미로운 일은 딸의 무덤이 파헤쳐지고 시간마저 당했는데도, 진나라의 왕비가 그 얘기를 믿는 척하고 근본도 알 수 없는 사내를 죽은 공주의 사위로 삼아 '부마도위'라는 관직을 주어 고향으로 돌려보낸 큰 뱃심이다. 그는 자신의 이례적인 출세를 설명할 기회가 있을 때마다 자신이 창작한 괴기담을 신나게 떠벌리고 다녔기 때문에, 그것이 민화(民話)가 되어서 후세에 전해졌을 것이다. 딸이 입은 도굴과 시간이라고 하는 참혹한 현실을 로맨틱한 괴기담으로 바꿔친 것은, 왕비가 왕가의 체통을 생각한 계산도 있었겠지만, 젊은 나이에 남성을 경험하지 못한 채 죽은 가엾은 딸에 대한 어머니로서의 여심이 작용했을 것으로도 짐작된다.

이상과 같이 비교적 조건이 단순한 황야에서의 감각 차단 현상에 비해서, 산이나 바다 등에서의 조난에서는 굶주림, 극도의 피로, 추위, 수면 부족 등의 생리적 조건에다 조난에 대한 불안, 집단적 감동 등의 정신적 조건이 첨가되어, 더더욱 다채로워진다. 이 같은 예를 전설이나, 민화 또는 실제의 조난기 등에서 볼 수 있다.

귀신이 채 간 실종

이것은 드물게는 어른인 경우도 있으나, 주로 어린이가 마치 도깨비가 채 간 듯이 갑자기 실종되는 경우와, 어느 정도의 시간 동안 기억상실을 수반하여 본인이 느닷없이 나타나는 등의 두 가지 경우가 있다.

전자는 목표가 될 만한 것이라곤 전혀 없는 막막한 황야나 원시림에서 감각 차단 현상을 일으켜, 뜻하지 않는 곳으로 빠져든 것으로서, 이렇게 되면 설사 어른이라 할지라도 찾아내기 힘들게 된다. 이것은 수년 전에 일본 후지산(富士山)의 원시림에 빠져든 외국인 선교사 부부가 2개월에 걸친 대규모 수색 활동에 의해서도 발견되지 못했다가, 최근에 이르러서야 우연히 등산자에 의해서 유해가 발견된 사건으로도 분명한 일이다.

얼마 전, 텔레비전에서 유명해진 크로바제트의 투시력에 의해 근처의 연못에서 발견된 소녀의 경우 — 수색 범위에서 빠져 있었던 것은 이 연못뿐이었으므로, 그 연못 속에 있을 가능성이 높았는데도 — 만약 발견되지 않았더라면 당연히 그대로 도깨비에 채어 간 어린이의 실종이라고 생각되어 버렸을 것이다.

앞에서 인용했듯이, 『의사신보』에도 『귀신이 채 간 실종』이라는 제목의 기고가 있었다.

내용은 의사인 기고자의 64세 되는 숙부가 가을철에 버섯을 따러 나간 채 행방불명된 사건의 전말을, 애도의 뜻을 담아 기록한 것이다. 현장은 국립공원 K산 기슭의 G고개에 있는 O온천으로 가는 숲길과의 교차

점 부근, 오전 중에 숙부는 친구 세 사람과 버섯을 따고, 일단 점심을 먹은 뒤 다시 버섯 따기에 나간 채로 소식이 끊겼다. 그때 숙부는, 아직 해가 많이 남았다면서, 버섯을 담는 주머니를 걸치고, 음식물이 든 비닐 주머니를 들고는 다시 산으로 들어갔다고 한다.

곧 소방 단원 등 300명이 동원되어, 나흘 동안 철야 수색을 계속했으나 유류품 이외는 아무것도 발견되지 않았다.

그때의 상황을 원문에서 인용해 보자.

그리고 길가에 50m쯤의 거리를 두고, 갖고 있던 음식물이 비닐 주머니에 든 채로 떨어져 있었다. 그리고 그곳을 밑변으로 한 삼각형을 정점으로 200~300m를 들어간 조릿대나무 숲속에 버섯을 담은 주머니가 떨어져 있었다. 도대체 무엇 때문에, 왜 떨어뜨린 것일까? 더더구나 버섯을 따러 산으로 들어갔을 터인데도, 그 버섯 주머니를 떨어뜨린 점에 어떤 의혹이 생긴다.(중략)

곰에 쫓겨 갖고 있던 음식물과 주머니를 내던지고, 산속을 도망쳐 다니다가 늦가을의 짧은 해가 져버리고, 조릿대나무 숲속에 갇힌 채로 굶주림과 피로에 지쳐서 쓰러졌던가, 또는 발을 헛디뎌 벼랑 밑의 골짜기로 떨어져 죽었거나, 그중의 어느 경우일 것이다. 그것이 현대인의 상식이다.

어떤 사람은 이렇게 말한다. 그 산은 마의 산이므로, 그 산에 들어간 사람은, 귀신이 채 가서 실종된다고 전해지고 있다. 그래서 5년이고 10년이고 발견되지 않는 것이라고 한다. 또 산신령님이 말하기를 "여우에게 홀려 동굴 속에서 여우가 먹여 살리고 있노라고…". 또 어떤 사람은, "그 근방에 사는 사람이, 이 산에서 돈뭉치를 주웠다면서, 나뭇잎을 한 아름 안고 왔다. 그러고는 동네 사람들에게 돈을 나누어 준답시고 나뭇잎을 한 장씩 주었다는 사실도 있으므로, 숙부도 여우에게 홀렸을 것"이라고 얘기했다. '그런 어이없는 일이...'하고 생각해 보지만, 나도 역시 어린 시절 같은 얘기를 들은 기억이 있기 때문에, 전적으로 부인할 수도 없는 형편이다.

기고자는 의사인 만큼, 피로와 굶주림으로 쓰러진 채 발견되지 않든지, 골짜기에 떨어졌을 것이라는 과학적인 판단을 내리고 있지만, 육친의 정으로서는 '귀신이 채 간 실종'을 부정할 수 없는 심정인 것 같다.

사실은 대체로 기고자의 추측대로라고 생각되지만, 문제는 여기저기에 비닐 주머니, 음식물, 버섯 주머니까지 버려져 있다고 하는 조난자의 이해하지 못할 행동이다. 가령 기고자의 추측처럼 곰에 쫓기고 있었다고 하더라도, 급한 마당에 어째서 허리에 찬 버섯 주머니까지 벗어 놓아 가면서까지 도망치지 않으면 안 되었을까?

그러나 법의학(法醫學)의 입장에서 등산 조난자를 검시(檢屍)할 경우, 이와 비슷한 상황을 볼 수 있다고 한다. 한겨울인데도 한쪽에는 구두가 가지런히 놓여 있는가 하면, 다른 쪽에는 옷이 얌전히 포개어져 있어, 결국 조난자는 도중에서 옷을 하나씩 벗어 놓고, 끝내는 알몸의 시체로 발견되는 일이 드물지 않다고 한다. 내가 학생 시절에 들은 강의에서는 피로와 굶주림, 추위 등의 여러 조건으로 조난자는 이미 정신 이상을 일으키고 있기 때문에, 한겨울에도 옷을 벗어 던지는 등의 이해할 수 없는 행동을 취한다는 설명이었다.

이 불행한 조난자는 당시 64세로, '몸집이 작고, 아주 기운이 팔팔했으며, 검도의 명수였다.'라고 한다. 조난은 10월 23일의 한낮이었으므로, 동사 직전의 추위에 의해 정신 이상을 일으켰으리라고는 생각되지 않는다. 그래서 조난자가 뭔가 다른 원인에 의해 갑자기 의식 장애를 일으킨 것으로 생각한다면, 위와 같은 이해할 수 없는 행동도 설명이 가능해진다. 이 경우 가장 쉽게 생각할 수 있는 원인으로는, 아무리 젊고 원기 왕성하다고 하더라도, 64세라고 하는 나이였기 때문에, 가벼운 뇌졸중 발작에 의한 의식 장애라는 것이 타당하지 않을까? 최근에는 뇌졸중 발작 중에도 운동 마비 등을 일으키지 않고, 일과성 의식 장애만을 가져오는 가벼운 경우도 있다는 것을 알게 되었다. 이는 뇌혈관 일부가 경련을 일으켜 축소하여, 일시적으로 혈행을 막을 수 있다고 생각되는 데서, 일과성 뇌허혈 발작(TIA : Transient Ischemic Attacks)이라고 불리고 있다.

내가 최근에 경험한 일 가운데에 다음과 같은 증상 예가 있다. 67세의 부인으로 전날 밤에는 아무런 이상 없이 취침하고, 아침 7시에 여느 때처럼 화장실에 가는 발걸음 소리를 가족들이 들었다. 그런데 8시가 되어도 식사를 하러 오지 않아 방에 가보니까 환자는 이불 위에 앉은 채, 눈알만 사방을 두리번거리고 있었다. 놀란 가족들이 이름을 불러도 대답을 못 했다. 결국 구급차를 불러 급히 입원을 시키는 소동이 벌어졌다.

그러나 운동마비 등의 신경학적인 이상은 없었고, 입원 두 시간 후 내과 의사의 문진에서는 지금이 1933년이라고 대답했다. 여기가 병원이라는 것은 겨우 짐작하는 듯했지만, 적절한 대답이 좀처럼 나오지 않는 상태였다. 네 시간 후에 연락을 받고 내가 진찰한 바로는 날짜와 장소를 거침없이 대답하고, 다만 건망실어(健忘失語)가 조금 남아 있을 정도로 회복되어, 입회했던 초진 의사를 놀라게 했다. 그 후에 동위원소를 이용한 검사와 뇌혈관 촬영에서도 이상이 없어 역시 TIA일 것이라는 결론을 내렸다.

이 증상 예는 불과 4~5시간 동안의 의식 장애만을 나타낸 TIA이며, 다행히도 거실에서 발작을 일으켜 가족들에게 발견되었기 때문에 무사했다.

그러나 이와 같은 발작이 아무도 없는 산중에서 일어났다면 어떻게 될까? '귀신이 채 간 실종'의 조난자는 점심 식사 후 산으로 들어간 지 얼마 되지 않아 가벼운 TIA를 일으켜 몽롱한 상태에 빠져, 혼탁한 의식 아래서 비닐 주머니, 버섯 주머니를 내던져 버리는 알 수 없는 행동을 취하며, 정신없이 산중을 헤맨 결과, 피로와 굶주림에 지쳐 쓰러졌다. 의식 장애가 있었기 때문에 핸드 마이크로 불러대는 육친의 목소리에도 응답할 수 없어 끝내 발견되지 못했던 것이 아닐까? 이러한 원시림에서 조난자로부터의 응답이 없으면, 바로 옆을 지나가도 발견하기는 곤란하다.

다음으로 '귀신이 채 간 실종'의 두 번째 경우는 어느 만큼의 시간 동안 의식 장애가 있고 난 뒤에 본인이 난데없이 불쑥 나타나는 형태로, 옛날얘기에 많이 나오는 종류이다. 즉, 도깨비에 채 간 어린이로, 이것에는 좋은 예가 있기에 그 줄거리를 소개한다.

도쿠카와 막부(德川幕府)의 6대 장군인 이에노부(家宣) 시대의 쇼도쿠(正德) 연대의 얘기다.

에도(江戶 : 지금의 도쿄) 간다(神田) 구에 있는 한 잡화상의 열너댓 살 된 사환이 정월 보름날 저녁에, 수건을 들고 근처 목욕탕에 간다고 나갔다. 그런데 얼마 후 그 사환 아이가 잠방이 차림에 짚신을 신고, 게다가 볏짚 꾸러미를 지팡이에 매단 채 가게 뒷문에 우두커니 서 있는 것이 아닌가.

가게 주인은 침착한 사람이었기 때문에, 놀란 내색을 하지 않고 우선 짚신을 벗고 안으로 들라고 했다. 소년은 발을 씻고, 부엌에서 가져온 그릇에다 꾸러미 속에서 꺼낸 왕마를 담아 들고, "이건 고향에서 가져온 선물입니다."하고 내놓았다.

"그럼 너는 오늘 아침에 어디에서 왔었더냐?"하고 주인이 맞장구를 치면서 물었더니 "C산을 오늘 아침에 떠나왔습니다. 오랫동안 가게를 비워 죄송합니다."하고 대답하는 것이다. 점점 더 아리송해진 주인이 "너는 언제 이 가게를 떠났더냐?"라고 물은 즉, 작년 12월 13일, 세모의 대청소를 한 그날 밤 가게를 나와 어제까지 C산에 있었다는 것이다. 또한 산에서는 매일같이 손님이 와서 심부름을 하고 있었

는데, 어제서야 내일은 에도로 돌려보내 주겠다는 얘기를 들었다는 것, 그리고 선물로 가져가라고 하여 왕마를 캐서, 이렇게 가져왔다고 대답하더라고 한다.

물론, 이 소년은 세모의 대청소 날 밤에 가게를 나간 적이 없었고, 여느 때처럼 일하며, 얼마 전에 목욕탕에 갈 때까지 어김없이 가게에 있었다. 그렇다면 목욕탕에 간 것은 그 소년의 변신인 전혀 다른 사람이었다는 말인가?

－『동사 괴기담』 일본·매일신문사에서 발췌

이 얘기를 결말짓는 의문은 매우 소박한 것인 만큼, 정신의학적으로도 흥미 있는 재료를 제공하는 것이라고 할 수 있다.

가장 이해하기 쉬운 해석은, 목욕탕에 간 소년과 귀신에게 채어 C산에 갔다 온 소년이 같은 인물이라고 보는 견해이다. 같은 인물이 일정한 시간 동안에 두 개의 인격으로 분리되어, 실제는 같은 곳에 있으면서도, 마치 다른 장소에 있는 듯한 체험을 맛보았다고 하는 것이, 정신의학적으로 본 진상이 아니었을까?

그 소년은 청소 날로부터 1월 15일까지 겉보기에 별다른 기색 없이 가게에서 일을 하고 있으면서도, 의식 속에서는 고향인 C에서 일을 하고 있다는 환상의 세계에 있었다. "손님이 많아 심부름하기에 바빴다."라고 하는 진술은, 의심할 여지 없이 그 장소가 바로 그 가게였다는 것을 가리키고 있다. 항상 많은 손님으로 붐비는 큰 상점에서, 지배인이 명령하는 대로 '네, 네.'하고, 기계적으로 움직이고 있는 소년의 흐려진 의식 속에서는 그렇게 인식된들 이상한 일은 아니다.

이 소년처럼 상당히 오랜 기간 주위의 사람들에게는 정상인과 다름없는 듯이 보이면서도, 본인은 정신없이 돌아다니다가 나중에야 그 기간의 기억이 전혀 없다고 하는 이상한 병이 틀림없이 있다. 이 병은 본인의 의식 혼탁(混濁)이 가볍고, 주위의 사람들에게 빈틈없이 응대하는 등 얼핏 보기에는 분별이 있는 듯한 행동을 취하기 때문에 '분별 있는 몽롱 상태'라고 불린다. 가장 유명한 예는 런던의 상인으로서, 정신없이 인도 항로의 객선에 올라탔다가 뭄바이에 상륙하고서야, 비로소 자기가 도대체 무엇 때문에 인도까지 왔던가 하고 제정신이 들었다는 얘기다. 이 상인은 긴 항해 중 선실에서 승객들과 담소하며, 그 응접 태도는 보통 사람과 전혀 다를 바가 없었다고 한다.

이런 예는 아직 뇌파 검사(腦波檢査) 따위를 할 수 없었던 시대의 일이므로, 정신적 쇼크에 의한 심인성(心因性)인지, 간질 성질인지는 알 수가 없다. 필자의 대학병원 시절에 꼬박 사흘 동안 무목적, 무의식 상태에서 여행을 한 청년을 진찰한 일이 있었는데, 뇌파 검사를 한 결과 간질성 이상이 발견되었다.

몽롱 상태란, 의식이 흐려지고 의식할 수 있는 범위가 좁아져서, 마치 꿈속에서 걸어 다니고 있는 것과 같은 상태를 뜻한다. 좁은 범위 내에서는 얼핏 보기에 합목적적(合目的的)인 온전한 행동을 취하기 때문에, 흔히 그런 상태에서의 책임 능력에 대해서는 정신 감정상의 문제가 될 수 있다. 그러나, 일반적으로는 의식 혼탁이 심하되 기간이 짧은 경우가 많고, 지금의 예처럼 혼탁이 얕으면서 기간이 긴 것은 매우 드물다.

몽롱 상태에는 앞에서 말한 측두엽(側頭葉) 간질에 의한 것과, 본인이 뭔가 강한 정신적 충격을 받은 경우와 같은 심인성에 의한 것 두 가지가 있다.

언젠가 필자에게 지방에서 고등학교를 졸업하고, 인형극단(人形劇團)에 소속해 있는 여자를 단원들이 데리고 온 일이 있었다. 그녀가 예정된 행사를 빼먹거나 하며, 어딘지 모르게 좀 이상하다는 것이었다. 그래서 입원을 시켜 최근 본인의 행동을 가장 잘 알고 있는 친구의 얘기와 본인의 추억을 대조해 본즉, 공연이 일단락된 날로부터 6일 동안의 기억에 공백 기간이 있었다. 즉 주말에 가기로 돼 있던 친척 집에는 가지 않았고, 연습에도 출석하지 않아서, 걱정이 된 그 친구가 여러 번 본인의 아파트에 가 봤지만 문이 밖으로 잠겨 있었다. 6일째에 우연히 근처 목욕탕에서 나오는 것을 만나 말을 건넸더니, 그제야 비로소 제정신으로 돌아왔다.

그녀는 막내딸로, 걱정하는 부모의 반대를 완강히 뿌리치고 무작정 상경하여 극단원의 길로 들어섰다. 얼마 동안은 의욕적으로 일했지만, 차츰 자신의 한계를 느끼게 되자 극단의 일에도 충실할 수 없게 되었다. 그렇다고 새삼스럽게 부모에게로 돌아갈 수도 없고, 이런 일이 심리적 압박을 초래하여 심인성 몽롱 상태를 일으켰던 것이다. 물론 뇌파에는 이상이 없으므로, 간질성이 아닌 것은 확인이 되었다.

도깨비가 채 간 사환의 경우도, 아직 열네 살의 사춘기여서 부모 곁으로 돌아가고 싶다는 마음이 평소에도 심리적 압박이 되고 있었음이 틀림없다. 그런데 세모에도 집으로 갈 수 없게 되자, 대청소로 한꺼번에 폭발하여, 몸은 가게 일을 보고 있으면서도 의식 속에서는 고향인 C에서 일하고 있는 듯이 착각을 일으켰을 것이다. 심부름을 나다니는 어린 소년이기에 지시를 받는 대로 그저 '네, 네.'하고 움직이기만 하면 되므로, 의식 장애도 다른 사람에게는 알려지지 못했을 것이다. 이 소년의 경우는 '이브의 세 가지 얼굴'에서 알려진 것과 같은 심인성 다중 인격이었다고 생각해도 좋다.

다중 인격도, 심인성 몽롱 상태도 정신의학적으로는 히스테리와 같은 메커니즘으로 일어난다. '이브의 세 가지 얼굴'이란 어떤 미모의 주부가 갑자기 정반대의 인격으로 변신해 버리는데, 본인은 그것을 깨닫지 못한다는 정신분석 예를 바탕으로 하여 쓰인 소설로서, TV 드라마로 방영되기도 했다. 양심이 지나치게 엄격하여, 자신의 강한 욕구와 양심 사이에 심한 갈등을 일으켜, 그것이 극한 상태에 이르면 자아(自我)가 분해되어, 마치 두 개의 인격이 한 사람 속에 살고 있는 지킬 박사와 하이드 씨처럼 되어 버리는 것이다.

이 소년은 부모 곁에 돌아가고 싶다는 마음이 속으로 퍼졌으나, 허락도 받지 않고 간다면 야단을 맞을 것이기 때문에, 하다못해 고향 어딘가에서 일을 하고 있다고 공상하는 것으로써 자신의 양과 타협하고 있었을 것이다. 이 공상이 강해져 별개의 인격으로 탈바꿈하게 되어 이따금 가게를 빠져나와, 근처의 인적이 드문 절간 같은 곳에서 뒹굴며, 대낮에 꿈을 꾸고 있었던 것이 아니었을까. 고향 집에서 일하고 있는 인격이 되어 있었다고 해도, 이제는 돌아가야 할 시기가 되었다는 양심의 명령은 작용하기 때문에, 어딘가에서 여장을 구하거나 여비를 조달하거나 하여 절간에 숨겨 두었던 것으로 생각된다. 두 개의 인격이 괴리되어 양자 간에 연관이 없어지고, 마치 요술처럼 뒤바뀌어 버리는 것이 다중 인격의 특징이다.

이 얘기는 에도 시대의 실화로서, 사실대로 기술되어 가공되거나 변형되지 않았기 때문에, 200년이 지난 오늘날에도 이와 같이 분석할 수 있다.

기억하는 위치

　시부자와 씨는 앞에서 든 『동서 괴기담』 가운데서 "어쩌면 시간이란 것은 자유자재로 신축할 수 있어, 통조림처럼 압축할 수도 있는가 하면, 복잡하게 접어 둘 수도 있는 것 같다.", "도깨비나 귀신이 채 간 실종의 세계도 순간 속에 차곡차곡 접어 넣어지고, 압축된 광대한 세계일는지도 모른다."라고 말하고 있는데, 바로 시간을 통조림처럼 압축하여, 과거의 체험을 모조리 불과 백수십㎤의 부피 속에 쑤셔 넣은, 작으면서도 광대한 장소가 인간의 뇌 속에 존재한다.

　우리들의 정신을 관장하는 대뇌피질은, 무려 140억 개의 신경 세포로 조립되어 있기 때문에, 최신 대형 컴퓨터를 수백 대나 연결한 것과 같은 신경회로를 불과 1,400g의 부피 속에 수용한 정교한 것이다. 인간이 한 가지 체험을 기록(인상을 새겨 넣거나 기억하는 것)한다는 것은, 하나하나의 체험마다 무수한 신경회로의 일부에 활동 전류가 흘러서 하나의 폐쇄 회로를 만드는 과정을 말한다.

　그런데, 이같이 하여 무수히 축적된 과거의 체험은 어떻게 하여 다시 끌어내어지는 것일까?

　캐나다의 뇌외과 의사인 W.펜필드는 국부마취로 개두 수술(開頭手術)을 하고, 대뇌의 여기저기를 전기로 자극하여 그 기능을 조사하여, 유명한 대뇌의 기능지도(機能地圖)를 만들었다. 그때 측두엽의 자극에 의해 과거의 기억이 재현되는 것을 발견했다. 어떤 환자는 측두엽의 전기 자극으로 "화이트 크리스마스다. 오케스트라도 들려 온다."라고 말했고, 다른 위치에서는 전에 들은 적이 있는 라디오 방송이 들렸고, 다시 첫 번째 위치를 자극하자 화이트 크리스마스가 들렸다고 한다.

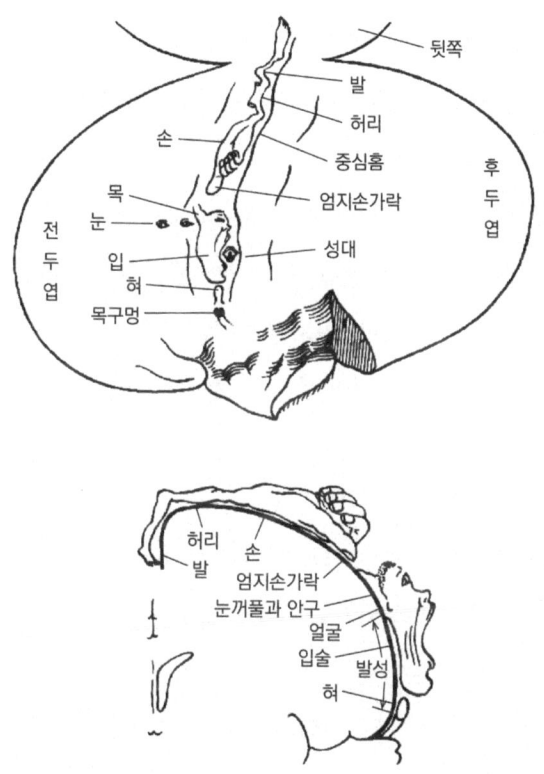

인간의 대뇌(운동령)의 기능지도 | 상 : 좌반구의 측면, 하 : 좌반구의 정면.
인간의 대뇌 운동 중추는 좌반구의 중심 홈 앞부분에 띠 모양으로 분포해 있다. 이를테면 손 그림이 있는 곳을 자극하면 손이 움직인다. 손이나 입은 교묘한 운동이 요구되기 때문에 발달하여 넓은 면적을 차지하고 있다. (W.펜필드)

펜필드는 이것에 힘을 얻어 많은 환자의 측두엽 여러 곳을 전기로 자극하여 자세히 조사해 보았다. 그 결과 거리에서 본 네온사인이 생생하게 되살아나는 시각 기억의 재생, 체험의 실재감이 없어지는 '이인감(離人感), 방금 처음 보는 것인데도 과거에 확실히 본 듯이 느껴지는 가성기시(假性旣視)', 반대로 사실은 몇 번이고 본 일이 있을 터인 것이 마치 처음 보는 듯이 생각되는 '가성미시(假性未視)' 등 기억에 관한 다채로운 체험이 재생된다는 것이 밝혀졌다.

이러한 체험은, 지금까지 간질의 조짐(aura)으로 알려져 있던 증상으로서, 그 조짐은 측두엽에서 최초로 전기적 흥분이 발생하면서 나타나는 정신적 발작으로 여겨진다. 이로 인해 복잡하고 다채로운 발작이 실은 바로 측두엽 간질이라는 것이 증명된 것이다. 그런데 이 무렵에는 아직 측두엽 간질에 유효한 약이 개발되어 있지 않았기 때문에, 간질성 초점이 있는 측두엽 일부를 잘라내는 수술을 하고 있던 시대였다. 따라서 이와 같은 경험으로부터 측두엽과 그 밑의 해마(海馬), 그리고 뇌의 심층부에 있는 유두체(乳頭體)와 뇌간(腦幹)을 연결하는 회로가 기억의 통합에 중요한 역할을 담당하고 있으며, 그 일부의 어딘가가 파괴되면 심한 건망증을 일으킨다는 것을 알게 되었다.

도스토옙스키는 자신도 간질 발작이 있었던 작가이지만,『백치』의 주인공 미시킨 공작의 입을 통해서 엑스터시(ecstasy: 황홀한 상태)에 찬 조짐을 훌륭하게 묘사했다.

해부학적으로 보면, 측두엽 바로 아래는 해마회로(海馬回路), 대상회로(帶狀回路)가 둥글게 둘러싸서 대뇌변연계를 형성하고 있다. 제5장에서도 상세히 설명하겠지만, 이 대뇌변연계는 본능적 욕구에 관계되는 감

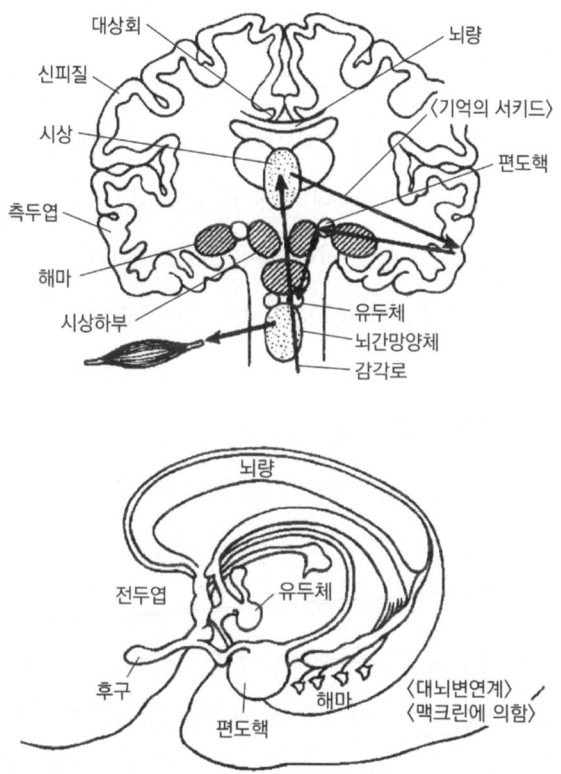

기억 회로(상) 및 대뇌변연계와 정동 자리(하) | 감각로의 중계점인 시상과 측두엽→해마→유두체를 잇는 회로가 기억 회로라 불린다(상). 또 대뇌변연계의 편도핵과 시상하부는 밀접한 연락이 있고, 분노와 공포 등 정동을 관장하는 자리라고 한다(하).

정의 움직임이 형성되는 곳이기 때문에, 측두엽 발작에서는 방전(放電)이 바로 밑의 대뇌변연계로 파급하여, 강한 분노라든가 불안, 또는 반대의 엑스터시 등 심한 감정의 움직임을 동시에 수반하게 된다.

측두엽 간질에서 가장 많은 발작은 자동증(自動症)이라고 하여, 환자가 갑자기 지금까지 하던 행동을 중단하고 허공을 바라보며, 입을 실룩거리거나, 옷을 만지작거리는 등의 아무 뜻없는 행동을 취한 뒤에 퍼뜩 제정신으로 돌아가는 발작이다. 발작의 지속은 수십 초에서부터 수 분에 걸치는 경우가 많으나, 드물게는 더 오래 끄는 경우도 있으며, 그동안에 꽤 체계적인 행동을 취하는 일도 있다. 몽유병(夢遊病)이라고 불리고 있는 것도 실은 수면에 의해 유발된 자동증이 아닐까라고 생각되고 있다.

그러나 실제의 측두엽 간질에서는 자동증과 정신 발작이 뒤섞인 몽환(夢幻) 상태의 체험이 많은 것으로 보아, 이 발작을 처음으로 보고한 잭슨은 '몽환성 상태'라고 명명하고 있다. 가사마쓰(笠松章) 씨는 다음과 같이 설명하고 있다.

주위의 현상이 그 자체로서 일단 지각이 되면서도, 꿈처럼 과장되고 모양이 바뀌어져서 의식에 나타난다. 색깔이나 냄새 등을 지닌 광경적(光景的) 환각이 나타나고, 그 내용이 과거의 경험과 관련을 갖기도 한다. 가령 물체가 크게(巨視) 또는 작게(小視) 보이거나, 소리가 크게 들리거나 한다. 또는 과거의 체험과 비슷한 광경이 나타나기도 한다. 또 기시 체험, 미시 체험, 이인증 체험 등이 발작 중의 환자에 의해 체험되는 일도 있다.

—가사마쓰 『임상 정신의학』

학계에서와 최근의 간질 발작에 대한 분류는 지나치게 세분되어 알기 힘든 점이 있으므로, 이런 설명은 일반인이 간질의 몽환성 상태가 대충 어떤 것인가를 이해하는 데에 도움이 된다.

도원향 얘기 — 디드림의 세계 —

여태까지 번거롭게 측두엽 간질의 얘기를 해 온 것은 H. G. 웰즈의 『환상의 문』이라는 불가사의한 얘기가 이 몽환성 체험과 관계가 있지 않을까 하고 생각하기 때문이다.

앞에서 든 『동서 불가사의 이야기』 가운데에 『여신이 있는 선경(仙境)』이라는 얘기가 있다. 이것은 저승에서의 사건에 특별한 흥미를 갖고 있었던 일본인 국학자 히라타 아쓰타네(平田篤胤)가 어떤 곳에 사는 사람에게 특별히 부탁해서 기록하게 한 『기리시마산 유향진어(霧島山幽鄕眞語)』라는 책에 등장하는 Z라는 산지기의 체험담이다. 그 대강의 줄거리를 소개하면 다음과 같다.

Z는 열다섯 살 때부터 기리시마산 계열의 하나인 M산의 산지기로서, 마을로 내려오는 것은 추석과 설날뿐으로 무척이나 외로운 생활을 보내고 있었다. 어느 날, 새벽녘에 자기 이름을 부르는 소리가

들려왔다. 그가 문을 열고 밖으로 나가 본즉 50 전후의 사나이가 서서, "나는 이 산 여신의 사자인데, 이제부터 너를 그 저택으로 안내하겠다."라고 했다. Z가 잠에서 덜 깬 눈을 비비며 뒤를 따라가노라니 얼마 후에 으리으리한 큰 저택에 당도했다.

여신의 저택은 한없이 넓고, 맑은 빛이 넘치고 있었다.

정원도 넓어, 많은 과일나무가 무성한 데다 말이니 닭, 개 등의 가축도 기르고 있었다. 오색 비단옷을 입고 머리카락을 길게 늘어뜨린 여러 시녀가 신묘한 가락으로 거문고를 타고 있다. 여신은 긴 옷자락의 아름다운 옷을 걸쳤는데, 그 얼굴은 선녀처럼 아름다웠다.

이것이 인연이 되어 Z는 여신의 집에 드나들게 된다. 자신의 어슴푸레한 기억으로는 그 여신과 잠자리를 같이 한 듯한 데도 여신은 Z가 마을 여자와 놀아나는 일을 알면서도, 별로 질투하는 기색도 보이지 않았다.

여신의 집으로 갈 수 있는 것은 언제나 한밤중이어서, Z는 인적이 없는 산길을 꿈속처럼 다녔지만, 낮이 되어 아무리 그 집을 찾아봐도 끝내 찾지 못했다. 그러나 틀림없이 어젯밤에 그 집에 다녀온 증거로, 아침에 일어나 보면 지난밤에 여신으로부터 선물로 받은 약초 꾸러미가 머리맡에 어김없이 놓여 있었다.

이런 이상한 관계가 8년 동안이나 계속된 끝에 마침내 이별의 날이 왔다. 그것은 여신이 "앞으로도 나와의 관계를 계속하고 싶다면, 마을과 모든 인연을 끊고 성의를 보여라."라고 했기 때문이다.

Z는 부자간의 인연까지 끊고서, 신선 세계의 주인이 될 만한 결단이 서지 않았기 때문에 결국은 마을 사람으로 돌아갔다.

—『동서 불가사의 이야기』에서 발췌

동서(東西)를 달리하고는 있으나 SF(공상과학소설)의 선구자인 H. G. 웰즈도 이와 비슷한 『환상의 문』이라는 단편을 썼다. 그것은 40대로 차기 각료의 물망에 올라 있는 한 엘리트 정치가의 회고담 형식으로 된 불가사의하고 매력에 넘치는 얘기다.

그는 두 살 때 어머니를 여의었고, 변호사로 바쁘게 지내는 아버지는 그의 양육을 유모에게만 맡겨 둔 고독한 어린이였다. 그가 다섯 살이던 무렵의 어느 날, 몰래 집을 빠져나와 거리를 헤매고 다니다가, '하얀 담벼락에 녹색 문'이 달린 저택에 왠지 마음이 끌렸다. 그는 문을 열고 정원으로 들어갔는데, 그곳은 바로 마술의 나라 같았다. 그 정원은 넓고 아름답게 빛나고 있었고, 공을 가지고 놀고 있던 두 마리의 표범이 그를 맞이해 주었다.

내 등 뒤에서 쾅하고 문이 닫힌 순간, 나는 침엽수의 낙엽이 어지럽게 흐트러진 도로도, 거기를 달려가고 있던 차도, 짐차도 모조리 잊어버렸다. 가정에서의 엄격한 규율과 복종으로 나를 되돌려 놓으려는 인력 같은 힘도 잊어버렸다. 그리고 모든 공포와 주저, 그리고 분별도 잊어버렸다. 말하자면 이 세계의 일상적인 현실은 모조리 잊어

버린 것이다. 그리고 한순간에 나는 다른 세계에 사는 매우 행복한, 기적이라 할 만큼 행복한 어린이가 되어 버렸다. 거기는 이 세상과는 전혀 다른 세계였다. 햇볕은 더 따스하고, 부드럽게 모든 것에 스며들어 있었다. 또 어딘가 모르게 맑은 기쁨이 주위에 넘치고 있었다. 푸른 하늘에는 조각구름이 햇볕을 받으며 떠 있었다. 그리고 눈앞에는 나를 부르듯이 널찍한 길이 멀리까지 이어지고, 길 양쪽에는 야생꽃들이 만발한, 잡초 하나 없는 화단이 줄지어 있었다. 더욱이 그 두 마리의 표범도 거기에 있었다. 나는 조금도 겁내지 않고 표범의 부드러운 털을 쓰다듬거나, 둥근 귀와 귀밑의 민감한 부위를 애무하며 그들과 놀았다. 그들이 마치 나를 집으로 맞아들이는 듯한 느낌이었다. 실제로 내 마음 속에서는 내가 진정 집으로 돌아왔구나 하는 느낌이 매우 강했다. 그래서 얼마 후에 키가 늘씬한 아름다운 소녀가 나타나 미소를 띠면서 다가와 "어때요?" 하며, 나를 껴안아 키스하고, 또 내 손을 잡고 걷기 시작했을 때도 나는 조금도 놀라지 않았다. 다만 왠지 이상하게도 이제까지 내가 몰랐던 행복한 생활을 상기시켜 주는 듯하여, 이 기쁨에 찬 지금의 상태야말로 참된 생활이구나, 하는 느낌이 들었다. (중략)

　…… 이 시원한 가로수길을 그 소녀는 나의 손을 잡고 걸어갔다. 그리고 나를 내려다보면서 부드럽고 상쾌한 목소리로 여러 가지 일을 물었다 − 그래, 나를 내려다보는 그녀의 아름답고 정다운 모습, 또 윤곽이 또렷하고 턱 모양이 아름다웠던 얼굴을 지금도 기억하고

있다. 그리고 또 여러 가지 즐거운 얘기들을 들려주었지만, 나중에 생각해 보면 그게 어떤 내용이었는지 생각이 나질 않았다……. 얼마 후 다갈색의 아주 귀여운 원숭이 한 마리가 나무에서 내려와, 우리에게 다가와서는 내 곁을 달려갔는데, 눈은 개암나무 빛으로 무척 순해 보였다. 처음에는 나를 쳐다보고 이를 드러내며 웃었으나 곧 내 어깨 위에 올라탔다. 이렇게 해서 우리 둘은 아주 즐겁게 걸어갔다. (중략)

…… 그리고 지붕이 있는 커다란 복도를 빠져나가, 널찍하고 시원한 궁전에 이르렀다. 거기에는 시원스러운 분수와, 아름다운 것들, 말하자면 우리가 진정 가졌으면 싶어 하던 것들이 많이 있었다. (중략)

…… 나는 거기서 놀이 친구를 발견했다. 나는 고독한 아이였기 때문에 그것은 무척 기쁜 일이었다. 꽃에 둘러싸인 해시계가 있는, 초목이 무성한 뜰에서 우리는 즐거운 게임에 열중했다. 그리고 우리는 노닐면서 서로를 사랑했다…….

―『세계문학전집』

그가 꿈과 같은 즐거운 시간을 보낸 후 정신이 들자, 주위는 이미 완전히 어두웠고, 많은 사람들이 그를 에워싸고 걱정스러운 듯이 지켜보고 있었다. 그는 미아 취급을 받고 집으로 돌려보내졌다.

그는 그 후, 이 이상한 정원에서 보낸 달콤하고 애절한 추억을 잊지 못하여 다시 한번 그곳으로 가보려고 사방을 찾아 헤맸으나 그 저택은 끝내 발견되지 않았다.

그 문은 그로부터 몇 번인가, 뜻하지 않게 그의 앞에 모습을 나타냈다. 한 번은 8~9세이던 무렵, 서둘러 학교로 가던 도중 길을 잃고, 전에 본 적이 있는 듯한 그 거리로 나왔을 때이고, 또 한 번은 옥스퍼드대학의 장학생 자격시험을 보러 부지런히 마차를 몰고 가던 때였다.

그러나 그는 현실의 용무 때문에, 어린 시절의 기억을 확인할 기회를 놓쳐 버렸다.

그는 출세한 지금에 와서도 걷잡을 수 없이 그 정원이 그리워졌다. 그러다 최근에 다시 그 문이 그의 앞에 모습을 나타냈다.

이 얘기를 웰즈 씨에게 말한 직후, 그는 한밤중에 공사 현장의 담벼락에 붙여진 페인트칠을 한 문을 열고 들어가다가, 거기에 파놓은 깊은 구멍 속에 빠져 사고사를 당하게 된다.

이 영국 신사의 불가사의한 체험은, 저자에 의해 간략하게 요약된 주인공의 불행했던 유아기의 체험에 바탕을 둔, 현실로부터 공상 세계로의 도피 — 백일몽 — 였다고 해석하는 것이 타당할 것이다. 그러나 단순한 백일몽이라기보다는 너무나 선명한 체험, 풍부한 내용과 구체성 및 황홀감이 뒷받침되어 있다는 점으로부터 이것을 심인성으로 말미암아 일으켜진 몽환성 상태라고 생각할 수도 있다.

순박한 산지기 소년이 얘기하는 여신의 저택의 광경과 문호의 붓으로써 묘사되는, 마치 초현실주의의 환상화를 연속적으로 보여주는 듯한 '하얀 담벼락에 달린 녹색 문'의 집 안과 내용의 표현에 차이가 있는 것은 불가피한 일이지만, 이 두 개의 얘기에는 분명히 공통점이 있다.

많은 동물과 과일나무, 꽃향기에 가득 찬 넓고 밝은 저택, 아름다운 여주인이 있는 그 찬란한 광경들이 연달아 선명하게 떠오른다. 모든 것이 이 세상 것이라고는 생각되지 않으리만큼 아름다움과 맑음에 휩싸이는 이 몽환성 체험은, 황홀감과 그지없는 과거의 감미로운 기억을 관련지으며 나타난다. 그리고 이 체험은 성인이 되면 없어진다 — 웰즈 소설의 주인공의 경우, 가성(假性)의 기시 체험을 수반한 두 번째의 여덟 살 때까지가 진짜 몽환성 체험이었다. 성인이 된 후의 그것은, 어디에나 흔히 있는 하얀 담벼락과 녹색 문의 우연한 일별에 지나지 않았다. 또한 40세가 지나서야 겨우 확인할 수 있었던 환상의 문은 작업 중이던 공사장의 페인트칠을 한 문에 지나지 않았고, 결국 주인공의 죽음을 초래하는 비참한 현실이었다. 소년기로부터 사춘기에 걸쳐서는 공상력이 가장 풍부한 시기로서, 감수성이 강한 소년이 장시간 공상 세계에 잠겨 있노라면, 나중에는 현실과의 구별이 안 되는 일이 흔히 있다.

 필자는 전에 어느 여관집 막내아들로, 학교에 가지 않게 된 한 중학생을 왕진한 일이 있었다. 그는 SF에 열중하여, 증축한 여관 건물의 이음새에 있는 복잡한 모양의, 창문도 없는 공부방에 틀어박힌 채 나오지를 않았다. 나는 어두컴컴한 그의 방에 안내되었을 때 깜짝 놀랐다. 온 방 안에는 로켓이니 인공위성의 플라스틱 모형이 좁다랗게 매달려 있었고, 합판으로 된 벽 전체에는 래커로 토성과 수성, 은하수가 그려져 있었다. 그 한쪽 구석에 작은 문이 있어, 옆방으로 통하게 되어 있는 듯했다.

 침울한 방 안 공기를 환기시키려고 그 문짝의 손잡이를 잡고 잡아당졌다. 놀랍게도 그 문은 손잡이만이 진짜인 가짜 그림이었다. 자세히 살펴보니, 그 문짝 옆에 영문으로 '환상 지역'이라고 작은 글씨로 쓰여 있었다. 그는 이 문짝 앞에 앉아서 눈을 감으면 언제든지 자유로이 그의 SF 세계로 드나들 수 있었던 것이다.

Z의 체험은 이 같은 백일몽에다, 일부는 수면에 의해서 유발된 간질성 몽환 상태가 혼합된 것이 아닌가 생각된다. Z처럼 어린 시절부터 인적이 없는 산속 움막에서 혼자 산지기를 하고 있노라면, 사회적 접촉의 부족을 보충하기 위해 공상이 왕성해져서, 항상 백일몽에 잠겨있게 된다. 또 대인적 접촉이 드문 시설에서 생활하는 아이들은 Z가 만나러 다녔던 여신과 같은 '공상의 벗'을 만들어 낸다고 한다.

이러한 일들은 사춘기 전기까지의 아동에게서 볼 수 있는 현상이지만, 연장자인 Z의 경우는, 봉건시대의 두메산골 소년인 데다가, 극단적으로 사회적 접촉이 단절된 특수한 경우이므로, 백일몽이 청년기까지 지속되어, 이 같은 꿈과 공상이 뒤섞인 꿈 얘기를 만들어 냈을 것이다. 또한 간질로 인한 정신 발작일 경우, 동일 내용의 감각성 기억 재현성의 환각을 되풀이한다. 따라서 특정한 공상을 계속할 수 있었다는 것에 대한 설명이 될 수 있다.

아무튼 Z는 몽유병과 같은 정신 운동 발작증을 갖고 있었던 것으로 생각된다. 수면에 의해 측두엽에 흥분이 일어나, 그는 아무도 없는 산속을 정신없이 헤매다가, 자기 머릿속에서 일어난 몽환성 체험으로 차를 마시거나, 누워 뒹굴거나, 선물용 약초를 캐고 있었을 것이다.

그러나 Z의 체험이 백일몽을 주로 하는 것이라고 한다면, 처음에 일어난 것이 열다섯 살이고, 그로부터 8년이나 계속되었으니까 마지막 시기는 스물세 살이 된다.

필자는 그가 여신의 집에 다니지 않게 된 이유를, 여신으로부터 "마을과 인연을 끊고 오라."는 선언을 받았기 때문이라고 변명하고 있는 점이 재미있다고 느껴진다. 추측건대 Z의 몽환성 체험이 실제로 없어진 것은, 이미 몇 해 전일 것으로 생각하고 있기 때문이다. 그 이유는 정신과 의사의 임상적 입장에서, 의사가 환자의 증상에 비상한 흥미를 보이면, 환자는 사실은 그 증상이 이미 소멸하고 없는데도, 속일 수 있는 동안은 아직 그 증상이 계속되고 있는 듯이 행동하는 일이 있기 때문이다.

영화 『이유 없는 반항』의 원작자이며, 정신분석 의사이기도 했던 린드너가 정신분석의 증상 예를 바탕으로 쓴 『마음의 비밀』이라는 단편에 다음과 같은 체험을 기술하고 있다.

자기가 오르마의 별사람이라는 망상을 지닌 청년 과학자는, 지금부터 의욕적으로 치료를 시작하려는 린드너를 향해 "실은 훨씬 전부터 스스로 망상이라는 것을 깨닫고 있었습니다. 하지만 선생님이 너무 제 얘기에 흥미를 보이시기에, 선생님을 실망시키지 않으려고 얘기를 꾸며대고 있었습니다."라고 고백하여 린드너를 아연실색게 했다.

Z도 뇌의 중추신경 기능이 완전히 성숙하고 안정되는 20세에는, 이

미 이 몽환 세계로 들어갈 수는 없게 되어 있었던 것이 아니었을까? 그러나 자신의 얘기가 근처에서 큰 평판이 되어 버렸기 때문에 어쩔 수 없이, 얼마 동안 과거의 체험에 창작을 첨가하여 얘기를 계속했을 것이다. 그러는 동안 화젯거리가 떨어지고, 새로운 얘기를 꾸며내는 것이 번거로워지자, 그럴싸한 이별 담으로 마침표를 찍었을 것이다. 이별 담이 지나치게 멋지게 되어 있는 점에서 고의 작위를 느낄 수 있다. 이 얘기는 Z의 체험담을 그대로 듣고 옮긴 것이기 때문에, Z가 체험한 성질이나 위작 부분을 추측할 수 있는 것은 당연한 일이다.

그러나 순전히 픽션인 웰즈의 『환상의 문』이 왜 정신의학적으로 보아, 추호도 모순이 없는 진실성을 갖추고 있는 것일까?

웰즈는 『타임머신』의 작자로도 알려져 있듯이, 시간·공간의 인식 장애에는 비상한 관심을 두고 있고, 또 이 감미로운 꿈과 같은 유아기의 체험에는, 아마도 그 자신의 기억 체험이 활용되어 있었던 것으로 생각된다. 이같이 정신의학적으로 보았을 때 모순이 없는 심리적 진실성을 갖추고 있는 점도, 그것이 명작일 수 있는 하나의 조건이 아닐까?

2장

극한 상황이 낳는 환각

생리적 환각 2

1. 굶주림

채플린의 명연기

굶주림이라는 조건으로 일어나는 환각을 멋지게 묘사해 보인 것이 채플린의 『황금광시대(黃金狂時代)』의 한 장면이다.

눈보라로 알래스카의 산막에 갇혀 굶주림에 시달리는 채플린은, 자기 자신을 맛있는 칠면조로 보는 환각에 사로잡힌 동료의 엽총으로부터 몇 번이나 도망쳐 다니지 않으면 안 되

구두 요리 | 극도의 공복에 이른 채플린에게는 구두도 음식으로 변한다.(영화 「황금광시대」에서)

었다. 또 이 영화에는 가죽구두를 삶아 먹는 장면이 있는데, 이것은 결코 희극으로서의 과장만은 아니다. 이 장면은 매번 그렇지만, 채플린 영화의 고증이 정확하다는 것에 새삼 놀라움을 금할 수 없게 하는 장면이다. 채플린의 멋진 장면에는 이 밖에도 굶주림에 관한 연기가 자주 나오는데, 이것은 그가 고아 시절에 실제로 굶주린 체험이 뒷받침되어 있기 때문일 것이다.

미각의 변화 — 양로 폭포의 불가사의

『산에서의 조난기』를 읽어보면, 굶주림으로 미각의 변화가 일어날 수 있다는 것이 적혀있다. "생쌀은 맛이 없고 짚신이 정말 맛있었다."라고 하는 체험이 실제로 있는 것이다. 그 한 예를 요시노 미츠미치(芳野滿度) 씨의 조난 상태에서 살펴보기로 하자.

1927년 12월 19일 요시노 씨는 등산 친구인 Y씨와 Y봉우리의 산등성이를 타기로 했다.

산에 들어간 지 이틀째부터 날씨가 갑자기 변했으나, 두 사람은 등반을 강행하여, 사흘째에는 주봉 A봉우리의 돌방에 도착했다. 그러고는 다시 눈보라 속을 뚫고 다음 목표인 G봉우리로 가는 산등성이를 향해 갔으나, 지형을 분간할 수 없어 다시 A봉우리의 돌방으로 되돌아오게 되었다. 이 무렵부터 Y씨의 체력 소모가 심해진 데다, 길을 잃기도 하여 부득이 눈 속에서 야영을 하게 된다.

그리고 닷새째 날, Y씨는 "전기 곤로를 켜주지 않겠어?", "괴롭군, 등을 좀……"하고는 마침내 숨이 끊어졌다.

엿새째 날 아침, 요시노 씨에게 죽은 Y씨가 자기에게 얘기를 걸어오는 환각이 나타난다. Y씨의 유해를 처리한 후, 앞으로 어찌해야 할지 도무지 생각이 정리되지 않은 채, 요시노 씨는 눈보라 속을 목표도 없이 계속 걸어갔다. 그러는 도중 길가에 서 있는 동상을, 자기에게 말을 걸어오는 인간으로 착각하기도 한다.

간신히 길을 발견하여, 돌방에 당도한 것은 입산한 지 이레째였다. 피로와 굶주림은 극에 달해 있었다.

26일, 처음에는 흐리고 바람이 좀 강하다. 온종일 돌방 속에 갇혀 있었지만, 우선 아침에는 반합 속의 눈이 밤새 녹았기에, 황금 물을 한 모금 마시듯이 맛있게 들이켰다. 돌방 안의 웅덩이 물을 수도 없이 손으로 떠 마셨다. 쌀은 아직 조금 남았지만 쌀 주머니의 끈이 도무지 풀리지 않았다. 양파를 먹어 보았지만, 마늘 썩은 냄새가 나서 도저히 넘어가질 않는다. 닷새째 굶었다. 귤껍질을 먹어 보았으나 마치 종이를 씹는듯하여 아무 맛도 없다. 한 가지 기묘한 것은 짚신이었다. 짚신의 짚을 풀어 먹었다. 이것은 귤껍질이나 양파보다 더 월등한 요리였다. 있어도 먹지 못하는 쌀 주머니를 베개 삼아 여드레째의 밤을 보냈다.

27일, 눈을 떴다. 무엇이 머리 위에서 자꾸만 부스럭거리고 있었다. 꿈이라고 치더라도 소리가 너무나 분명하다. 일어나서 깜짝 놀랐다. 베개 삼아 잤던 쌀자루가 찢기고 쌀이 사방으로 흩어져 있질 않은가! 그것은 쥐의 소행이었다. 아! 이런 돌방 속에서도 쥐는 분명히 생존하고 있지 않은가! 자기 말고도 생물이 있다는 생각은 바로 '구원'이었다. 쥐가 찢어놓은 자루의 생쌀을 씹어 본다. 조금도 맛이 없다. 짚신이 훨씬 맛있는 것 같았다.

─『산에서의 조난기』

요시노 씨는 입산한 지 열흘째에 돌방에 당도한 구조대에 의해 구조되었는데, 동상으로 오른쪽 발가락을 절단하지 않으면 안 되었다.

그러나 꼬박 10일간, 제대로 식량도 없이 혼자 힘으로 살아남은 왕성한 생명력은 좀처럼 유례가 없다. 그런 만큼 환각, 착각, 판단력 저하, 방향 감각의 상실, 쌀자루의 끈조차 풀 수 없는 일관된 행동 불능 상태 즉, 실행 상태(失行狀態) 등이 기록되어 있고, 또 닷새 동안의 굶주림에 의한 미각의 변화도 생생하게 기록되어 있다.

이것을 읽으면 채플린의 구두를 씹어 먹는 장면이 결코 허황된 일이 아니라는 것을 이해할 수 있다.

그런데 전국 각지에 전해오는 양로(養老) 폭포의 전설은 어떻게 설명해야 할까? 앞에서 요시노 씨가 반합에 녹은 물이, 마치 황금 물처럼 맛이 있었다고 하는 장면을 상기해 주기 바란다.

평소, 자기가 먹을 식량까지 쪼개어 아버지의 술값에 충당하고 만성 기아 상태에 있었던 나무꾼이, 산속에서 길을 잃고, 굶주린 배를 움켜쥔 채 휘청거리다가 폭포에 당도했다. 꿀꺽하고 들이킨 폭포수가 마치 잘 빚어진 술처럼 맛있게 느껴지는 굶주림에 의한 미각의 변화가, 현재의 물가와 비교해서 터무니없이 비쌌던 청주를 아버지에게 드리고 싶다는 소망과 결부되어, 양로 폭포라고 하는 효행 담을 낳게 되었을 것이다.

물을 쌀이나 술, 돈으로 바꾸어 백만장자가 되었다는 민화는, 가난한 서민의 단순한 소망의 반영으로서 각지에 무수히 존재한다. 물이 술로 바뀌는 폭포를 발견하여 부자가 되었다고 하는 얘기나 『고금담(古今譚)』에 있는 『주선향 이야기(酒仙鄕譚)』 등은 이 양로 폭포의 전설과 같은 것이라 할 수 있다.

이 밖에도 만성 기아에 의한 정신 기능의 저하를 보여주는 민화로서, 일본의 '덴메이(天明) 기근'에 얽힌 이야기가 동북 지방의 슬픈 이야기로 남아 있다.

단락 반응 — 어느 여자 거지의 경우

지금이야말로 쌀이 남아돌아서 곤란한 세상이 되었지만, 생산성도 낮고 완전한 지방 분권(分權)에 의해 유통이 원활하지 못했던 옛날에는, 조금만 흉년이 들어도 굶어 죽는 사람이 생겼다.

그중에서도, 일기 불순이 수년에 걸쳐 계속된 덴메이(天明) 연대의 대기근은 참으로 비참하여 오늘날에 이르기까지 그것에 얽힌 전설이 각지에 남아 있다.

여기에 소개하는 여자 거지의 애달픈 얘기도 그 전설의 하나이다.

'덴메이 시대(1781~1789년)', 기근이 계속되어 굶주린 배를 움켜쥔 백성들이 영주가 있는 곳으로 몰려들었다. 그중에 서너 살 된 아이를 거느린 여자 거지가 있었다. 아이는 배가 고프다고 훌쩍이고, 여자 거지는 아이에게 조용히 부드러운 목소리로 "지금은 모두가 배를 곯고 있단다. 울지마, 울지마."하고 타일렀다. 그러자 아이는 단념하고 울음을 그쳤다.

그로부터 얼마 후, 그 여자 거지는 별안간 아이를 껴안고 강기슭으로 달려가더니, 돌로 아이의 머리를 마구 쳤다. 아이 머리는 석류처럼 깨어져 죽어 버렸다. 여자 거지는 아이의 시체를 강물 속에 던졌다. 그러고는 강물에 얼굴을 씻고 아무 일도 없었다는 듯이 사라졌다. 이 광경을 많은 사람들이 지켜보고 있었지만, 너무도 뜻밖의 일이어서 아무도 말릴 수가 없었다고 한다.

여자 거지는 마치 금세 딴 사람인 것처럼 미소를 띤 아름다운 모습으로 바뀌었더라고 한다.

그 후, 죽은 아이는 '갓파'(河童: 어린애 모양을 한 물속에서 산다는 일본의 전설적인 상상의 동물)로 변신하여 강가에서 노닐고 있었다고 한다.

-『동북 괴담 여행』에서

나는 이 얘기를 읽고, 전에 이것과 꼭 같은 기사를 읽은 기억을 되살리게 되었다. 그것은 일본 민족이 체험한 최대 비극의 하나인, 제2차대전 때 오키나와에서의 집단 자결을 목격한 사람의 수기였다. 유감스럽게도 그 수기를 찾아낼 수는 없었으나 대충 다음과 같은 내용이었다.

"그때, 아버지는 이미 미쳤던 것 같았습니다. 강가의 커다란 돌을 번쩍 들어 올리더니, 대여섯 살 된 자기 자식의 머리를 마구 내리찍고 석류처럼 터진 머리를 필사적으로 계속하여 두들기고 있었습니다."

돌로 자기 자식을 쳐 죽이는 너무나도 원시적인 방법에 큰 충격을 받았기 때문에, 나의 머릿속에는 그 대목만이 특히 인상에 남아 있었다. 그 아버지는 독약이나 칼, 그 무렵부터 일본군이 자결용으로 민간인에게

전쟁터 | 인간끼리 펼치는 대량 살육. 전쟁터는 가장 비참한 극한 상황을 빚어낸다.

2장 | 극한 상황이 낳는 환각   83

배급했다는 수류탄 등, 아무튼 더 편하게 죽을 수 있는 방법을 선택할 여유조차 없을 만큼 강박 관념에 몰려 있었던 것일까?

아니면 인간은 극한 상황에 놓이면 누구나가 다 공통적으로 원시적인 행동을 취하게 되는 것일까?

여자 거지의 얘기는, 분명히 그 당시 같은 마을에 살던 사람들의 목격담이며, 그것이 특히 비참한 장면이었기 때문에 민화로서 전해진 것이다. 갓파로 변신하여 운운하는 대목은 너무나 비참했던 사실에 대한 위안으로서 나중에 덧붙인 얘기로, 우리는 여기서 사실의 얘기로부터 민화로의 소박한 가공의 원형을 볼 수 있다.

배가 고파 우는 철없는 아이의 울음소리는, 그 굶주린 배를 채워주지 못하는 어머니에게는 제 몸을 갈기갈기 찢어놓기보다 더 쓰라린 일이다. 여자 거지는 굶주림에 우는 자기 자식을 그대로 괴롭히기보다는, 차라리 죽여서 편안하게 해 주려는 어버이의 심정에서 이 같은 참극을 빚었던 것일까?

아니, 그렇다면 순순히 달래서 겨우 울음을 그쳤는데도, 갑자기 돌로 아이를 쳐 죽이고, 마치 누더기를 버리듯이 강물에 던져 버리고 아무렇지도 않은 듯이 사라져 버리는 돌발적인 모순된 행동, 딴 사람처럼 아름다운 얼굴에 떠오르는 수수께끼의 미소를 어떻게 설명해야 할까?

정신의학적으로 설명하면, 부드러운 목소리로 어르고 달래는 데까지가 여자 거지의 어머니로서 마음의 한계점이었고, 그 뒤는 오랜 굶주림에 의한 극한 상황을 견디다 못해, 실이 툭 끊어지듯 여자 거지의 정신 기능이 저하하여, '우니까 귀찮다' → '귀찮으니까 죽인다'라고 하는 단락 행위(短絡行爲)를 취하게 된 데에 불과하다. 아이를 죽인 뒤에 떠올리는 황홀한 미소는 이제는 귀찮은 존재가 없어져, 자신도 조금은 편해지겠거니 하는 만족의 웃음인 것이다.

이와 같이 개체 보존의 본능이 마침내 모성애를 이겨내어 자기 자식을 죽여 버리는 비극은 2차대전 때에 소련군 전차의 맹추격으로 소·만 국경을 도망치며 갈팡질팡했던 일본인들의 철수에서도, 얼마든지 일어났던 일이다.

이러한 극한 상황에 놓인 경우, 인간의 반응은 시대와 민족을 초월하여 변함이 없다. 몇 해 전에 방글라데시에서 일어났던 대기근에서도, 이같은 비극이 몇 번이고 되풀이되었음이 틀림없다.

2. 집단과 개인

백호대의 비극

이모리산(飯盛山)을 찾는 일본인들의 눈시울을 적시게 하는 백호대(白虎隊)의 비극은 어떤 경위로 일어났을까?

1968년, 일본에서의 무진(戊辰) 전쟁 때, 관군과 싸우던 아이즈반(會津落)의 소년 결사대는 과연 그때 집단 자살을 해야만 했을까?

그들은 전날 밤부터 계속해서 내리는 차가운 가을비를 맞으며 철야의 강행군으로 지칠 대로 지쳐 있었다. 이른 새벽의 조우전에서 전우의

리더 | 극한 상황에서는 리더의 기력 차가 집단의 운명을 좌우하는 일이 많다.(가와사키 시립 일본 민가원)

절반을 잃는 패주를 계속하다가 본대와의 연락도 끊긴 채 상황 판단을 그르치게 된다. 그 결과 성 뒤쪽에서 치솟아 오르는 불길을 보고, 성이 적의 손에 떨어진 것으로 착각한 나머지 사기를 잃고는, 가장 중상이었던 한 전우의 할복자살에 충동을 받아 전원이 집단 자결을 했다.

생사를 건 장시간의 사투에서는 체력과 기력을 다 소모하여 자칫하면 판단이 비관적으로 기울어지기 쉽다. 특히 자기 부대가 본대로부터 고립된 경우, 확고한 신념을 가진 리더가 없는 한 충동적으로 죽음을 택하기 쉽다. 장시간의 절망적인 전투에서는 겹겹으로 둘러싸인 포위망을 뚫고 탈출하기보다는, 차라리 죽음을 택하는 편이 훨씬 쉬운 일인 것이다.

백호대에는 뚜렷한 리더가 없었다는 것, 그들이 심리적으로 집단 감염을 일으키기 쉬운 사춘기의 소년들만으로 구성되어 있었다는 것 등이 "아! 성이 타고 있다."하고 내뱉은 한 사람의 말에, 누구도 의심해 볼 여지조차 없이 비극의 길로 치닫게 되었다.

이 같은 극한 상황에서의 집단행동이, 리더의 정신력에 의해 크게 좌우된다는 것은, 일찍이 일본 영화계의 화제를 휩쓴 『핫코다산(八甲田山)』 가운데서도 잘 묘사되어 있다.

지휘자인 K대위가 "아! 하늘은 우리를 멸망시켰다. 이렇게 된 이상 모두 함께 죽자!"하고 부르짖는 순간, 모두가 퍽퍽 쓰러지는 광경이 무척 인상적이었다. 살아서 돌아온 부대에서, 폭설 속을 눈구덩이 속에서 야영하면서까지도 "하늘은 스스로를 돕는 자를 돕는다고 했다. 우리 모두 살아서 돌아가자!"하고, 부하를 격려한 T대위와는 너무도 대조적이다. 생환과 조난의 갈림길은 리더의 정신력 차이였다.

이와 같이 극한 상황이 오래 계속되면 집단의 정신 기능이 떨어지고 판단이 흐려져, 억울하고 피해를 본 심리 상태가 되어 쉽게 충동적인 자살 행동으로 치닫기 쉽다. 이는 일본의 규슈(九州) 오지에서 전해지는, 단풍나무의 빨간 색깔을 추격군의 깃발로 착각하고 집단 자결을 한 패잔병들의 애화에서도 엿볼 수 있다.

바다에 스스로 몸을 던져 제물이 된, 일본의 고대사에 나오는 한 공주의 전설은 어떻게 해석해야 할까?

천재를 신의 재앙으로 해석하고, 희생물을 바침으로써 날뛰는 신을 달래는 것은 고대인에게 공통된 의식이다. 하지만 태풍에 시달려 모두가 지쳐버린 극도의 절망에서 차라리 바다에 몸을 던지는 편이 낫다고 느끼게 되는 극한 상태라면, 누군가가 그 행위를 대행해 줌으로써 집단은 다시 정상적인 정신 기능을 회복하여 파국을 면하게 된다.

이같이 제물을 바침으로써 집단의 위기를 구하는 것은 무의식중에 이루어져 온 인류의 슬기이며, 이것을 의식적으로 이용한 것이 바로 나치의 유대인 사냥이다.

배 귀신과 유령선

일본 고유의 가면극 노가쿠(能樂)의 레퍼토리에 「후나 벤케이(船弁慶)」

라는 것이 있다. 그 한 장면은 다음과 같다.

A : "어쩌랴 무사시님. 이 배에는 틀림없이 요괴가 붙어 있소이다."

B : "과연 이상하도다. 바다 위를 보면 멸망한 헤이케(平家) 일문의 사람들이 떠올라 있나니. 이런 기회를 노려 원한을 풀려 함도 당연할지고."

나레이터 : "주상을 비롯한 일가 문중이 구름떼처럼 파도 위에 떠올라 왔도다."

D : "나로 말하면, 간무천황(恒武天皇)의 9대손, 다이라노 토모 모리(平和盛)의 유령이노라. 용케도 만났도다, 요시쓰네(義經). 뜻하지 않게도 이 파도 속엘."

나레이터 : "목소리를 목표로 출범하려니."

D : "토모모리가 빠져 죽었듯이 그 모양으로…"

나레이터 : "다시 요시쓰네마저도 물에 빠뜨려 죽이려고 큰 칼 꼬나들고, 파도를 헤치며 악풍을 뿜어대고 덤벼 오노라. 눈앞이 어지럽고 정신이 흐트러져 앞뒤를 가리지 못하도다."

배 유령이라고 불리는 것은 심한 폭풍우로 난파 직전의 상황 때에 나타나는 것 같다.

물결이 잔잔한 밤바다에 나타나는 유령선은, 달리 바다에 배가 없는데도 갑자기 전방에 나타난다. 충돌을 피하려고 뱃머리를 돌려도 다시

전방에 나타난다. 이쪽이 배를 멈추고 가만히 바라보고 있노라면 자취도 없이 사라진다. 유령선은 바람을 거슬러 달려가고, 불은 켜져 있지만 그 불빛은 해면에 비치지 않으므로 유령선이라는 것을 알 수 있다고 한다. 배 유령에는 이쪽이 넋을 잃고 있으면 물에 빠져 죽은 망령들이 나타나서 배 바닥을 뚫어놓고, 국자로 바닷물을 퍼 넣어 배를 침몰시키는 것도 있어 유령이 국자를 빌려 달라고 하면 국자의 밑창을 뚫어서 주지 않으면 안 된다는 전설이 따라다닌다.

  그러나 주된 현상이, 파도가 잔잔한 한밤중을 항해할 때 전방을 감시하고 있는 뱃길을 안내하는 사람이 보는 감각 차단성 환각에 지나지 않는다는 것은 이 책의 첫머리에 나오는 택시 기사가 본 여자의 유령이나, 여우에 홀린 얘기 등과 꼭 같은 성질이므로 독자는 잘 이해할 수 있을 것이다.

  바그너의 유명한 가극 『방황하는 네덜란드인』에 나오는, 진홍빛 돛을 달고, 바람을 거슬러 날아가듯이 다가오는 유령선의 전설도, 일찍이 대항해 시대의 패자였던 네덜란드 배의 선원이 본 감각 차단성 환각에 지나지 않는다. 이에 반하여 노가쿠 『후나 벤케이』에 나오는, 규슈(九州)

로 도망치는 요시쓰네 일행이 도중에 태풍을 만나, 파도 속에 나타나는 헤이케의 유령에 시달리는 장면은 난파라고 하는 극한 상태 아래서 나타난 집단 환각으로서 설명된다.

요시쓰네 일행은 이복형의 추격을 받아야 하는 두려움 속에서의 출범이었다. 출범한 지 얼마 후 태풍을 만나, 난파 직전의 상태에서 일행은 죽음의 공포에 휩싸인다. 배는 한 닢의 나뭇잎처럼 노도에 휩쓸려 필사적으로 물을 퍼내지 않으면 안 되었다. 잠을 자기는커녕 한순간의 휴식도, 식사도 취할 수가 없었다. 일행이 극도의 피로에 지쳤을 때, 한 사람이 파도 위에 헤이케의 유령이 나타났다고 소리치자 금방 일동에게 감염되었다.

즉 불면, 굶주림, 극도의 피로, 죽음의 공포 등 육체적, 정신적으로 환각이 일어나기 쉬운 공통 조건 아래서 일어난 집단 환각인 것이다. 이 시대의 주종(主從)은 생사를 함께하는 공동운명체라고도 할 강력한 연대감으로 결속된 집단이라는 점, 얼마 전에 바다에서 헤이케 일문을 섬멸했다는 공통 체험을 갖고 있던 것이 공통의 환각을 일으키기 쉽게 한 또 하나의 원인이었다고 할 수 있다.

또 고대의 어느 공주의 전설에서 볼 수 있듯이, 고대의 일본인은 폭풍우를 무엇인가에 의한 재앙이라고 생각했으며, 요시쓰네 일행이 피란 초에 재난을 당하게 된 것을, 헤이케의 앙갚음과 결부하여 생각한 것은 쉽게 이해할 수 있다는 생각이 든다.

육지의 환영

그러나 악조건이 겹치면 거울처럼 잔잔한 바다에서도 집단 환각이 일어날 수 있다.

콜럼버스가 신대륙을 발견한 지 25년 후, 이 신대륙의 최남단을 발견하고 다시 태평양을 횡단하여 세계 일주의 위업을 달성한 마젤란 일행의 고난은 상상을 초월하는 것이었다. 그들이 대서양을 횡단하여 지리를 전혀 알 수 없는 신대륙을 더듬거리며 남하하여 가까스로 마젤란 해협을 발견했을 때, 불과 100톤도 안 되는 목조선의 돛은 넝마처럼 해어지고 식량도 거의 바닥이 나 있었다. 마젤란은 1년 반에 걸친 장기 항해에 지친 선원들의 맹렬한 반대를 무릅쓰고, 일찍이 아무도 건너간 적이 없는 미지의 대양을 겨냥했다. 그는 그 자신에 의해 아이러니하게도 '희망봉'이라고 명명된 곳(岬)부터 절망적인 항해에 나섰다.

콜럼버스의 위업은 물론 위대했지만, 항해 일수가 30여 일인 데다 식량도 식수도 충분하여 언제라도 되돌아올 수 있는 여유가 있었다는 점에서 마젤란의 자살적인 항해와는 비교가 안 된다.

희망봉을 출발한 지 이미 100여 일, 잔잔한 태평양을 떠돌아다니면서 상황은 악화 일로를 걷고 있었다. 이미 식량은 다 떨어졌고 선원들은 앞을 다투어 쥐를 잡아먹는 상황이었다. 음료수도 쉬어 악취를 내뿜고, 영양실조로 19명이 사망했다. 나머지 선원들도 거의 환자 같아서 마치 병원선 같았다고 한다.

이것은 이미 항해라기보다는 조난이라고 해야 마땅한 상황이었다.

선원 전원은 수평선 저쪽에 식량과 물을 공급해 줄 육지가 나타나지 않을까 하고 눈을 부릅뜨고 있었다. 보트로 바다를 표류하는 난파선의 승무원들은, 흔히 수평선 위에 떠오르는 구름을 육지나 구조선의 굴뚝에서 나오는 연기로 착각한다고 한다.

츠바이크의 멋진 표현에 따르면,

……이렇게 되면 이미 인간이 배를 몰아가고 있는 것이 아니라, 배가 인간을 태우고 달려가고 있다는 얘기가 될 뿐이다. 용감하게 예포를 터뜨리며 '희망봉'을 출발한 마젤란의 함대도 마침내 바다를 표류하는 병원이 되어 버린 것이다.

모든 일은 먹을 것이 없어졌기 때문이었다. 식량 창고는 벌써 전에 바닥나 있었다.

(중략)

석 달 20일 동안, 이 표류하는 병원은 끝없는 대양을 방황했다. 이미 진행하고 있다기보다는 꿈틀꿈틀 기어가고 있다고 하는 편이 나을 것이다. 환자도 반환자도 미친 듯이 육지를 동경했다. 그러나 이미 뱃전에 서서 한곳을 응시할 힘도 없어져, 갑판 구석에 쓰러져서 몽롱한 눈을 감은 채 육지의 꿈을 꾸며 환상을 좇고 있을 뿐이었다.

감시 당번으로 선 선원도 지쳐서 아른거리는 눈으로 안간힘을 쓰면서 육지의 그림자를 좇고 있었다. 마치 다 죽어가는 들개가 먹이를 찾아 기어다니듯이 세 척의 배는 비쩍 야윈 채 바다 냄새를 풍기면서 육지의 환상을 좇고 있었다.

　이럴 때 불쑥 뭔가 검은 그림자가 떠오른다면 어떻게 될까? 굶주린 사람들의 공상은 어떤 바위산이라도 당장에 야자수잎이 산들거리고, 졸졸 샘물 소리가 들리는 오아시스로 만들어버렸을 것이다.

　어느 날 아침, 마침내 전망대에서 요란스럽게 외치는 소리가 들렸다. 육지가 보였다는 것이다. 기나긴 항해 끝에 겨우 육지가 보였다는 것이다. 모두 자기 귀를 의심했다. 신음 소리가 일고 얼굴에는 희미하게 혈색이 감돌기 시작한다. 지팡이에 기대어 기다시피 하여 갑판으로 모여들었다. 빨랫줄에 널린 세탁물처럼 축 늘어졌던 환자들까지도 뱃전으로 기어 나왔다. 300개의 눈이 모두 좁쌀 알갱이만 한 검은 그림자로 빨려 들어갔다. 섬이다! 어김없는 섬이다! 서둘러 보트를 내렸다. 벌써 야자열매에 입맛을 다시며, 샘물을 꿀꺽꿀꺽 마시고 있는 듯한 착각에 빠져든다. 대지를 두 발로 꽉 딛고 선 듯한 쾌감이 솟아오른다. 그런데 이 무슨 천벌을 받을 일일까? 보트를 저어 간 섬에는 서늘한 나무 그늘은커녕 풀 한 포기도 없는 무인도였다. 아니, 섬이라기보다는 바닷속에서 튀어나온 바윗덩어리였다. 혼신의 힘을 다하여 여기까지 보트를 저어온 선원들은 뒤통수를 얻어맞은 기분으로 홧김에 이 섬을 '불행의 섬'이라고 명명했다.

　이런 일을 수없이 되풀이하면서 세 척의 배는 넓은 태평양을 목표도 없이 방황했다.

—츠바이크, 『마젤란 항해기』

츠바이크가 이 『마젤란 항해기』를 쓰게 된 동기는 그의 숙원이었던 남미 항로의 호화선 위에서 7일째 되던 날, 그를 엄습해 온 말할 수 없는 초조감 때문이었다고 한다.

가도 가도 넓어지기만 하는 푸른 바다와 푸른 하늘, 배에서 벌어지는 행사의 단조로움, 똑같은 인간의 똑같은 얼굴들, 그리고 무엇보다도 견딜 수 없는 지루하고 심심한 생활, 더 앞으로, 더 앞으로! 더 빨리, 좀 더 빨리!, 그는 이 아름답고 쾌적하고 즐거운 쾌속선에 심한 적의마저 느꼈노라고 기록하고 있다.

츠바이크는 불과 7일간의 선박 여행조차 참지 못하는 자신을 부끄럽게 생각하고, 이것의 수십 배나 되는 고난에 찬 항로의 나날을 견뎌낸 마젤란의 전기를 읽음으로써 다시 힘을 얻었다고 한다. 후년에 그가 이 『마젤란 항해기』를 쓰게 된 동기는 그것만이 아니었겠지만, 적어도 선박 여행의 참기 힘든 단조로움이 직접적인 동기가 되었던 만큼, 이 부분은 감정의 도입이 충분한, 가장 감동적인 대목이기도 하다.

바다는 나날이 변화한다. 배도 인간생활에 필요한 공간을 갖고 있다. 더욱이 호화선에는 승객을 즐겁게 하기 위한 풀, 테니스 코트, 바 등 뭐든지 갖춰져 있다. 이같이 지나치리만큼 충분한 조건으로서도 츠바이크는 참기 힘든 초조감에 사로 잡혔던 것이다.

어째서일까?

그 이유는 언뜻 보아 과분할 정도의 조건을 갖춘 호화선일지라도, 일단 그것을 타고나면 항해가 끝날 때까지는 거기를 빠져 나올 수 없는 기대한 쇠로 만들어진 우리와 같기 때문이다.

2차대전 전, 유학길에서 돌아오는 유망한 청년이, 물결이 잔잔한 인도양에 뛰어들어 의문의 자살을 하는 사건이 이따금 보도되었었다. 꿈처럼 아름다운 심야의 인도양에는 아름다운 목소리로 사람을 유혹하여 죽음으로 이끄는 바다의 마녀 사이렌과 같이 사람을 유인하는 마력이 있는 것이 아닐까 하는 이야기도 있었다. 그러나 츠바이크가 경험한 것처럼 참을 수 없는 초조감에 몰린 나머지 발작적으로 바다에 뛰어드는 경우도 있었던 것이 아닐까?

인간은 너비의 크고 작음에 상관없이 갇힌 듯한 환경에 놓이면 정신의 변조를 초래하게 된다. 또 린데만의 체험처럼 바다는 얼핏 보기에는 변화가 있는 것 같지만, 그 변화가 단조롭게 나날이 되풀이되면 그것이 감각 차단 효과가 되어 환각이 생기기 쉬워진다.

마젤란 탐험대의 경우는 여기에 또한 굶주림이라는 마이너스 조건이 첨가된다.

식량을 구할 수 없게 되면, 인간은 피하 지방을 에너지로 바꾸어 연명하는데 이때 기초대사(代謝)도 평소의 1750칼로리에서 1200칼로리로 떨어진다고 한다. 이 수치를 바탕으로 계산하면 식량이 떨어지고 나서 생존할 수 있는 한계는 67일이 된다. 마젤란 탐험대의 선원들은 희망봉을 떠날 때 이미 저영양 상태에 있었고, 한 달 후에는 식량이 완전히 바닥나 있었기 때문에 아슬아슬하게도 이 한계선까지 와 있었다는 얘기가 된다. 필리핀에 도착하는 것이 1주일만 더 늦었더라면 아마도 전원이 굶어 죽었을 것이다.

『기네스 북』에 의하면 인간은 물만 있으면 식사를 안 해도 한 달은 살 수 있으나, 물이 없으면 1주일이 고작이다. 1977년의 루마니아 대지진 때 건물 밑에 깔렸던 19세 청년의 10일 반이 최장 기록으로 되어 있다.

식량도 물도 없는 상태를 '절대 기아', 물만 있는 상태를 '완전 기아'라고 하는데 최근에는 이 최장 기록이 연달아 바뀌고 있다.

기아의 연속 기록으로서는 영국의 어느 형무소에서 단식 투쟁이 75일간 계속된 기록이 있지만, '완전 기아'였다는 증명은 없다.

이 점에서 봤을 때, 일본의 후지산(富士山) 기슭에 있는 무인 산막으로 피신했던 49세의 남자가 눈만 먹고 40일째인 1986년 4월 29일에 구출된 것이 완전 기아의 최장 기록이라고 할 수 있다. 그동안 53kg이던 체중이 4분의 1인 12kg으로 줄었을 뿐, 3주 후에는 완전히 회복하여 퇴원했다.

물조차 없는 절대 기아의 사례로는 1979년 4월 1일, 오스트리아의 브레겐츠 시경의 지하 유치장에 수용된 채로 잊혀졌던 18세 청년의 이야기가 있다. 그는 무려 18일 동안 자신의 오줌을 마시고, 진 팬츠의 가죽 라벨을 떼어 먹으면서 지내다가 구출되었다. 78kg이던 체중이 54kg으로, 약 30%가 감소했다. 또 요트가 난파하여 구명보트로 대서양을 표류하던 34세의 프랑스인 남자가 57일 만에 구조되었다. 물 대신 면도용 로션을 먹어야 하는 극한 상황에서 62세의 파트너는 표류 50일 만에 사망했다. 73kg이었던 체중은 구출 시 절반 이하인 35kg으로까지 감소한 걸 보면 이것이 인간 생존의 한계가 아닌는지 모르겠다.

단식 때의 환각으로는 석가모니의 강마(降魔) 환각이 유명하지만, 보통 사람의 경우에는 음식물의 환각을 보는 일이 많다고 한다.

오스트리아의 청년 앞에는 그가 좋아하는 베이컨 에그와 철철 넘치는 물이 담겨진 컵 등이 놓인 식탁이 환각으로 나타났다. 그것을 집으려다 휘청거리자 모든 것이 금방 사라져 버렸다. 또 부활제 때, 온 식구가 토끼의 통구이를 둘러싸고 있는 환각, 복숭아니 배, 포도를 가득 담은 과일바구니가 나타나고, 그때마다 침도 나오지 않을 만큼 부풀어 오른 입 속은, 마치 면도날로 베어지듯 하는 아픔과 배로 심한 통증이 치닫는 생리적 반응을 수반했다.

후지산 산막에서의 예에서는 자꾸만 음식물의 꿈, 특히 좋아하는 메밀국수가 눈앞에 어른거리며 떠나지를 않았다고 한다.

마젤란 탐험대의 선원이 본 육지의 환각은 식량, 음료수 바로 그것이었을 것이다. 또 언제나 흔들리는 탈 것에 타고 있으면, 단단하고 흔들리지 않는 대지를 딛고 싶어진다. 또 선원들에게 뭍에 올라간다는 것은 좁은 배에서 해방되어 자유로이 어디든지 갈 수 있고, 긴 뱃길로 억압되어 있던 욕망 — 술과 여자를 만족시킨다는 것을 포함하고 있다.

그러나 마젤란 자신이 본 섬 그림자만은 선원들의 생리적 욕구, 저차원 욕망의 충족과는 다르다. 그것은 인류의 그 누구도 이룩할 수 없었던 서쪽으로 돌아가는 항로로, 세계 일주의 목적지인 향료의 섬에 당도하는 위업을 성취한 증거였다.

부하 선원들이 본 먹음직한 야자가 자라는 섬과는 달리, 마젤란의 눈에 비친 것은 자신의 몸을 불사르고, 끝내 자신의 육신을 멸망케 한 마신(魔神)적인 자기 소망의 환영이었다.

산에서의 조난 — 환각은 전염한다 —

이와 같은 양상의 집단 환각은 산에서의 조난에서도 볼 수 있다.

최근에는 등산 용구, 기술의 진보에 의해 지구상에 등반하지 않은 산이라고는 거의 없어졌지만, 알프스의 마테호른은 오랫동안 인간의 등반을 거부해 왔다. 또한 산기슭에 사는 주민들은 정상에 악마가 살고 있는 마의 산이라고 두려워하고 있었다.

윔퍼 등반대는 뜻하지 않게 최초의 등반을 다투게 된 이탈리아 등반대를 앞질러 난행 끝에 마침내 마테호른의 정상에 설 수 있었다.

비극은 그 귀로에서 일어났다. 일행 중 한 사람이 발을 헛디디는 바람에 몇 사람이 그것에 휩쓸렸다. 위쪽에 있던 사람들이 사력을 다하여, 발판을 확보하고 전락을 저지하려 했으나 무정하게도 자일이 중간에서 끊어져 삽시간에 대원의 반수를 잃어버렸다. 승리의 영광으로부터 나락으로 떨어진 대원들이 넋을 잃고 있는데, 일행 중의 누군가가 갑자기 하늘을 가리키며 "저것 봐!"하고 외쳤다. 허공에는 커다란 아치가 걸려있고 그 가운데에 두 개의 커다란 십자가가 구름 위로 뚜렷이 보였다.

이 또한 심신이 극도의 피로 상태에 있던 귀로에서 빛나는 승리의 영광으로부터 급변하여 동료의 절반을 잃어버린 쇼크, 마의 산에 대한 잠재적인 두려움 등이 겹쳐서 한 대원의 환각이 도화선이 되어 집단 환각

윔퍼 탐험대의 환각 | 윔퍼 그림. 그는 등산가로서뿐 아니라 산악 화가로서도 저명했다.

을 일으킨 것이다.

똑똑히 본 사람도 있었을 것이고, 또 나중에 와서 심리적 가공(加工)으로 본 것처럼 느낀 사람도 있었을 것이다. 이런 경우 자기 혼자만이 보지 않았다고 한다면, 동료에 대한 우정이 없다고 오해를 받지나 않을까 하는 심리가 작용하기 때문에 바른대로 말하기가 어렵다.

이 환각의 감염에 대해서는 정신병리학의 권위자로, 당시 일본 난산(南山)대학의 '오기노(荻野恒一)'교수에 의해 〈1962년에 있었던 N산에서의 난산대학 등반대 조난 상황〉이 정신병리학적으로 상세히 보고되어 있다. 그 요점을 간추려 보면 다음과 같다.

난산대학 산악부의 동계 등반대 합숙은 1961년 말부터 치밀한 계획 아래 추진되었는데, 공교롭게도 연말부터 정월 4일까지 계속된 악천후에 시달렸다.

5일째에야 겨우 날씨가 맑아져서 대원 네 명은 O봉우리를 겨냥했으나, 도중에 다시 날씨가 급변하여 제2기지로 되돌아왔다.

7일에 다시 날씨가 회복되어 제2기지를 철수하여 제1기지로 되돌아오는 도중, 부원 중의 한 사람인 K군이 눈과 함께 굴러떨어지고 말았다. 응원차 달려온 한 사람을 합쳐 나머지 네 사람은 8월 1일 온종일 K군을 구출하가 위해 전력을 다했으나 실패하고, 일단 산장으로 철수하게 되었다. 그러나 일행은 극도의 피로에 지쳐 있었기 때문에 눈이 치워졌더라면 불과 두 시간 밖에 걸리지 않을 길을, 새로 내려

쌓인 2m의 눈으로 인해 무려 2박 3일이나 걸려, 하마터면 이중 조난을 당할 뻔했다.

이때 리더인 W군을 제외한 나머지 세 명에게 환각이 나타나 서로 간에 영향을 끼쳤었다고 한다.

환각이 가장 심했던 사람은 H군으로, 어두워지기 시작한 무렵부터 관목이 시체로 보였고, 이어서 나무 사이에 널이 서 있는 것이 보였으며, 또 산 중턱에 많은 집들이 보이기 시작했다. 다리가 있는 곳에 오자 선두에 가는 리더인 W군이 '리프트'를 타고 가는 것처럼 보였으며 그 '리프트' 전방에 여관이 보였다고 한다. N군은 H군이 널이 보인다고 했을 때까지는 아직 비판력이 있었지만, H군의 영향을 받아 H군이 많은 집이 보인다고 말할 무렵부터는 N군에게도 제과점이 보이는가 하면 자기도 "집들이 도망치니까 지켜봐!"하고 소리쳤다. 또 H군의 '리프트'가 보인다는 말을 듣자 정말로 그것이 보이기 시작했다고 한다. O군은 H군이 시체를 안치한 곳이 보인다고 했을 때까지는 비판력이 있었다. 그러나 그도 어느 틈에 다리가 휘어져 보이고 다리 저편에 있지도 않은 언덕이 보이기 시작했고, 야영용 웅덩이를 파고 있을 때는 간판을 건 가게가 보이기 시작했다. 의아하게 생각하고 자세히 살펴본즉 그 가게가 사라지고 없었기 때문에, 나는 지금 굉장히 지쳐 있구나 하고 그대로 잠이 들었다고 한다.

-『문명과 광기』에서 발췌

그러나 리더인 W군은 시종 냉정하여 부원들의 환각에 비판력을 유지하여, O군마저 집이 움직인다고 말하기 시작한 시점에서, 부원들이 극도로 지쳐있다고 판단하여 야영을 하기로 결정하는 등 적절한 조치를 취했다.

그 후 1963년 Y봉에서 부원 13명 전원이 도무지 이해할 수 없는 비정상적인 코스를 취해 잇따라 조난사를 당하는 이른바 아이치(愛知)대학 산악부의 대량 조난 사건이 일어났다. 이것은 아마 리더 자신이 환각을 일으켰거나 또는 다른 사람의 환각에 말려들어 판단을 그르쳤기 때문에 일어난 대량 조난으로 생각된다.

3. 한랭 지옥과 초열 지옥

설녀(雪女)의 환상

동사(凍死)의 가장 순수하고 아름다운 환각은 L.한의 '설녀(雪女)'의 환각일 것이다.

나는 오랫동안 이 기이하고도 아름다운 얘기의 무대를 틀림없이 눈이 많은 일본의 동해 쪽 중부지방의 벌목꾼들의 산막으로 착각하고 있었다. 이 책을 쓰면서『괴담』을 다시 읽어보고, 그것이 어이없게도 내가 10년간이나 살고 있던 도쿄(東京)의 C구에서 수집된 얘기라는 것을 비로소 알게 되었다.

오해의 원인은 겨울에도 비교적 따뜻한 T지역의 인상과, 눈보라니, 동사니 하는 이미지가 아무래도 결부되기 어려웠기 때문인 것 같다. 그러나 따뜻한 겨울이 계속되는 요즈음과는 달리, 이 얘기가 설정되어 있는 옛날의 에도 시대의 T강변의 겨울은 꽤나 추웠으며, 때로는 얼어 죽는 사람이 생기는 폭설도 있었을 것이다.

또한 얘기에 등장하는 M들이 조난한 뱃사공이 머무는 오두막의 빈약한 구조를 알고 나서는, 나는 T강변에서도 동사할 가능성이 있다는 것을 충분히 납득할 수 있었다. 그 까닭은 이 얘기의 무대가 되는 뱃사공의 오두막 실물을 다행히 현재도 볼 수 있었기 때문이다.

재현된 뱃사공 움막 | 그 정면 속에는 작은 앉은뱅이 화덕과 주전자가 있다.(가와사키 시립 일본 민가원)

비스듬히 뒤에서 본 뱃사공 움막 | 이것과 똑같은 움막이 다 마가와라의 들판에 드러나 있었다.(가와사키 시립 일본 민가원)

    K시에서 운영하는 민속촌이 있다. 여기는 여러 지방의 농가나 옛집들을 해체하여 재현해 놓은 곳으로서 어린이들의 사회과 교재로서 관람자가 많다. 그런데 그 코스의 마지막 부분에 T강기슭의 S라는 곳에 있었다고 하는 뱃사공의 오두막이 전시되어 있다.

    사진에서 보듯이 그것은 오두막이라기보다는 덧문과 미닫이를 앞뒤로 하여 판자로 가린 빈약하고 비좁은 움막이다. L.한의 묘사와는 달리 오두막 안에는, 땅을 파서 만든 작은 화덕 터가 있다. 화덕 터라기보다는 차라리 뱃사공들의 담배 불씨를 보존하는 곳이라고 하는 편이 더 알맞을 것이다.

    S란 곳은 K시 쪽에 있는 나루터이므로, 대안에 사는 M 등이 돌아갈 배편이 없어서 조난당한 오두막도 비슷한 것으로 생각해도 된다.

    한은 이 오두막을 실제로 볼 기회가 없었기 때문에 그가 쓴 얘기에서는 오두막이 좀 더 넓은 것으로 묘사되어 마치 산막과 같은 인상을 준다. 그러나 이 오두막을 보면 M과 얼어 죽은 B노인은 꼭 껴안고 잘 수밖에 없을 만큼 좁다. 얄팍한 덧문, 찢어진 미닫이, 덜거덕거리는 판자벽, 이것으로는 보온 작용이란 기대할 수조차 없다. 눈보라 속에 알몸으로 드러나 있는 것과 다를 바 없다.

눈보라에 익숙한 북쪽 지방 사람이었더라면 강둑에다 눈 굴이라도 파서 동사를 면했을는지도 모른다. 하지만 눈에 익숙하지 못한 남부 지방 출신의 M들은 이름뿐인 오두막에 현혹되어 한 데와 같은 오두막에서 잤기 때문에 체력이 약한 B노인은 결국 얼어 죽고 말았다.

설녀의 환영은 동사 직전 참을 수 없는 졸음에 몰린 M이 잠든 지 얼마 후에 보게 된 괴이한 환각이다. 성냥팔이 소녀의 환각과 같은 성질의 것이다. 흔히 졸음에 못 이겨 잠들면 그대로 동사해 버린다는 말이 있지만, 요시노(芳野滿彦) 씨의 수기처럼, 잠이 들어도 구조되는 경우가 적지 않다. 결국 그때의 생체 상태, 환경 조건의 미묘한 차이 등에 의해서 영원한 죽음과 삶의 길로 갈라진다.

설녀와 더불어 동사 때의 환각을 다룬 또 하나의 명작은 말할 나위도 없이 안데르센의 동화 『성냥팔이 소녀』일 것이다.

북유럽의 추운 겨울 하늘 아래서 동사 직전의 가련한 소녀는 한 순간의 온기를 얻으려고 켠 성냥불의 가냘픈 불길 속에서, 먼저 빨갛게 타오르는 난로의 환상을 보았다. 이어서 크리스마스의 맛있는 칠면조 요리의 환상이 나타났고, 마지막으로 자기를 귀여워하셨던 할머니의 환상을 보았다.

이 환각이 나타나는 순서는 전적으로 개체의 욕구 심리학적 원칙을 따르고 있으며, 정신의학적으로 흠잡을 데가 없어 감탄할 만하다. 설녀의 얘기는 한이 당시의 T지구 서부에서 취집한 것이므로 에도 시대의 조난 실화가 바탕으로 되어 있다. T강변에서 동사할 가능성에 대해서는 필자가 이미 실증한 바이다. 이러한 픽션이라 할지라도 고금의 명작이라고 일컬어지는 것은 정신의학적인 해석에도 충분히 합당한 것으로서, 앞에서 말했듯이 이것도 그 작품이 명작일 수 있는 하나의 조건이 된다.

그런데, 일본에 예로부터 전해오는 이류처(異類妻 : 신불이나 요괴가 남의 아내로 화신한 것)의 민화를 재편성한 소설인 『설녀』가 왜 이다지도 필자의 관심을 끌게 할까? 필자는 이 『설녀』 가운데서 어린 시절에 이별한 어머니를 그리워하는 한의 모습을 엿보게 된다.

영국 해군의 군의관이었던 한의 부친은 당시 영국의 식민지였던 그리스 이오니아 섬에서 한의 모친과 열렬한 사랑에 빠졌다. 이에 분노한 외사촌들의 습격을 받아 중상을 입을 정도였지만, 맹렬한 반대를 뿌리치고 결혼하여 신부를 고향인 더블린으로 데려왔다.

그러나 고부간에 불화가 일자 한의 부친은 헌신짝처럼 아내를 버리고 부유한 어느 미망인과 재혼을 한다. 한은 이 무책임한 부친의 큰어머니에게 맡겨져서 자라게 된다.

한의 어린 마음에는 이별한 어머니에 대한 사모와 동정, 그리고 어머니와 자기를 버린 부친에게 대한 원한이 사무쳤을 것이다. 한은 큰어머니가 파산한 후 미국으로 건너가 신문기자로서 신시내티 시절을 보내게 된다. 거기에서 흑인 혼혈 여성과 연애 문제를 일으켜, 현재로서는 상상도 못할 정도로 심했던 인종 차별을 견디다 못해 뉴올리언스로 옮겨 간다.

그가 동경하던 동양으로 와서 이혼 경력이 있는 일본인 여성과 결혼한 것도 한의 오이디푸스 콤플렉스(Oedipus Complex: 사내아이가 무의식적으로 동성인 아버지를 미워하고, 어머니의 사랑을 찾는 심리)가 행동으로 나타난 것이라고 생각된다.

설녀는 처음에는 분명히 어머니 정도의 연상의 여인으로서 M 앞에 나타난다. "나에 관해서는 결코 어머니에게 말해서는 안 된다."고 하는 대목은 한이 어린 시절에 보고 들은 고부간의 갈등을 반영한 부분으로서 흥미롭다. 그리고 동화의 세계에서 멋지게 숫처녀로 바뀌어 M 앞에 모습을 나타낸다. 무심코 맹세를 저버린 M을 다그치는 설녀의 무서운 모습 — 한의 얘기에 등장하는 여성은 정다움 속에 어딘지 모르게 무서움을 간직하고 있지만 — 에는 분명히, 무정하게도 자기들을 버린 부친에 대한 한 모자의 분노가 서려있다.

이 지방에 전해지는 이류처(異類妻)의 민화를 세계적인 문예 작품으로까지 끌어올린 것은, 짧은 행간에 숨겨진 한의 오이디푸스 콤플렉스가 승화한 것이라고 할 수 있다.

오아시스의 환영

한번 발을 들여놓으면 살아서 돌아올 수 없다고 하는 불모의 대사막은 숱한 전설을 낳았다. 타클라마칸의 대사막 가운데는 흐르는 모래더미에 파묻힌 큰 도시가 있고, 거기에는 금은보화가 숨겨져 있는데, 그것을 가져 오려던 대상(隊商)이 사막의 요사스런 망령들에 의해 영원히 모래 속에 갇힌 채 돌아오지 못한다는 전설이 있다. 19세기의 탐험가 스벤 헤딘이 그곳을 탐험했을 무렵, 이 지방 주민들은 진심으로 믿고 있었던 것 같다.

또 황금의 도시 팀북투를 목표로 삼아 가다가 사하라사막을 건너지 못하고 쓰러진 19세기의 아프리카 탐험가들의 얘기도 유명하다. 사막의 여행자들은 자기 이름을 부르는 소리를 듣는데, 그 소리를 따라 가다가는 길을 잃고 목이 말라 죽거나, 전방에 물이 철철 넘치는 오아시스가 보여서 달려가면 훌쩍 없어지곤 하여 끝내 추적하지 못하고, 결국엔 체력이 달려 죽어버린다는 등의 얘기가 많다.

광대한 롭노르사막에 관해서 마르코 폴로도 다음과 같이 기록하고 있다.

그러나 이 사막에 관해서 매우 이상한 일이 있다.

여행자가 야간 여행 중 일행과 떨어지거나 또는 졸거나 혹은 이와 비슷한 상태에 빠졌다가 다시 동료를 찾으려고 시도할 때, 악령들의 얘기 소리가 들려와 그것을 동료들의 얘기 소리로 여기고 만다. 때로는 악령이 자기 이름을 부르기 때문에 그것에 현혹되어 다시는 동료들을 찾을 수 없게 된다. 이리하여 숱한 사람이 목숨을 잃었다.

－『현대 세계 논픽션 전집(1)』「중앙 아시아 탐험기」

이 마르코 폴로의 기술은 야간의 어디를 둘러보아도 똑같은 모래 언덕뿐이라고 하는 지형에서 오는 감각 차단, 방향 감각 장애로서 설명할 수 있다.

그러나 사막의 환각에는 낮의 뜨거운 모래로 50°C 가까이 기온이 올라가고, 밤에는 빙점 가까이까지 떨어지는 극한적인 환경에 의한 뇌온(腦溫)의 상승에, 탈수, 굶주림에 의한 정신 증상 등이 복잡하게 얽혀 있다.

일반적으로, 뇌온이 34°C 이하가 되면 동사 직전의 환각이 일어나고 40°C 이상이 되어도 환각이 일어난다. 항생 물질 같은 것이 없었던 시대에 어린 시절을 보낸 연배의 사람들에게는, 고열로 정신을 잃고 "어딘가 꽃이 흐드러지게 핀 들판에서 놀고 있으니까, 강 저편에서 모두가 나를 부르고 있었다. 강을 건너려고 하는데 필사적으로 불러 세우는 어머니의 목소리가 들려와 퍼뜩 정신이 들었다. 머리 위에 어머니의 근심스러운 얼굴이 있었고 꼬박 사흘 동안이나 의식 불명의 상태였다."라는 등의 체험을 한 주인공은 드물지 않다. 이들 환각은 뇌온의 상승에 의한 열성 섬모(熱性纖毛)라 불리는 것인데, 고열 소모성 질환의 대표였던 장티푸스는 특히 열성 섬모를 초래하기 쉬운 것으로 유명했다.

탐험가 헤딘은 안내인의 불찰로 식수가 떨어진 채 길을 헤매다가 구사일생으로 살았는데, 구조된 순간에는 10분 동안에 3ℓ의 물을 마시는 기록을 세우기도 했다. 다음 수기는 충분하지는 않았지만 아직도 음료수가 남아 있을 때의 일이므로, 환각의 주된 원인은 그가 측정한 46°C에 이르렀다는 사막의 혹서에 의한 뇌온 상승에 있었다고 생각해도 될 것이다.

정오가 되자 나는 피로와 갈증으로 거의 정신을 잃을 지경이었다. 태양은 마치 용광로처럼 머리 위에서 이글거리고 있었다. 강한 광선이 정면으로 내리쬐어 나는 한 발짝도 나아갈 수 없었다. 줄곧 나의 길동무가 되어온 나방 한 마리가 힘차게 내 주위를 맴돌며, 마치 나에게 "이제 조금만 가면 돼.", "그래, 다음 모래 언덕 꼭대기까지."하고 기운을 돋우며 속삭여 주고 있는 듯했다. 그것은 "앞으로 천 걸음만 더, 그만큼 강에 가까워지는 거야. – 롭노르로 흘러드는 신선한 물이 넘치는 곳으로 더 가까이 – 그리고 생명과 청춘의 노래를 부르면서 춤추고 있는 저 흐름, 생명의 샘의 흐름에 더 가까워지는 거야."하고 속삭이듯이 들리는 것이었다. 나는 용감하게 천 걸음을 더 나아가 모래 언덕 꼭대기에 이르러 하늘을 쳐다보고 쓰러지면서, 하얀 모자를 베개 삼아 드러누웠다. 작열하는 태양이여, 빨리 가라, 서쪽으로. 지평선 저편으로 사라져라. 그리고 저기 저 멀리 얼음에 갇힌 산의 얼음과 눈을 녹이고, 그 강철 같은 푸른 빙하로부터 흘러나와 산 중턱을 거품을 튕기며 흘러내리는 차디찬 수정 같은 물 한 잔을 나에게 주려무나.

나는 13Km를 걸었다. 휴식은 아주 상쾌했다. 나는 일종의 지각 마비 상태에 빠져 우리가 처한 입장의 심각성을 잊어 버렸다. 나는 마치 싸늘한 에메랄드 빛깔의 풀 위에 드러누워, 위에는 잎이 무성한 은빛 백양 나뭇가지가 펼쳐지고, 산들바람이 그 한들거리는 푸른 잎새 사이를 속삭이며 다니고 있는 듯한 꿈을 꾸고 있었다. 나는 몽환 속에서 백양나무의 밑동을 씻어가는 호수의 잔물결이 우수 띤 리듬을 울리고 있는 것을 들었다. 새들은 나뭇가지 위에서 노래를 – 나로서는 알 수 없는 신비로운 뜻을 지닌 노래를 – 지저귀고 있었다. 아름다운 꿈이여, 나는 기꺼이 이 환영 속에 나의 영혼을 녹여 넣는 일을 계속하고 싶었다. 그러나 슬픈 손, 장례 행렬을 인도하는 방울의 공허한 소리가 나의 영혼을, 이 혐오스런 사막의 음산한 현실로 되돌려 놓았다. 일어서기는 했지만 머리는 납덩어리처럼 무겁다. 눈은 영원히 황색 모래에 반사하는 광선으로 현기증이 날 뿐이었다.

—『현대 세계 논픽션 전집(1)』「중앙 아시아 탐험기」

장시간 뙤약볕 아래서의 행군이나 마라톤 등은 열사병을 일으킨다. 두통, 현기증, 무욕(無欲) 상태 등의 정도가 가벼운 열적 피로에서부터, 더 진행되면 발한이 갑자기 멎고, 맥박은 처음에는 강했다가 나중에는 약해지며, 구토가 일어나고, 체온이 극도로 상승하여 끝내는 혼수에 빠져 죽는다.

끝없는 열사의 연속 | 물이 끊겨진 인간에게 사막의 전개는 절망적이다. 거기에는 환각과 더불어 죽음도 기다리고 있다.

헤딘의 환각은 분명히 열사병에 의한 몽환 상태이다. 즉 위로부터는 머리를 쬐는 한낮의 태양의 직사광선과 아래로부터는 뜨거운 모래가 가져오는 복사열에 의해, 헤딘의 뇌온은 상승했다. 또한 따라붙는 나방의 날갯짓 소리가 자기에게 속삭이는 소리로 들려오는 기능적 환청이 일어났다. 마치 프라이팬 위에 있는 것과 같은 모래 언덕에 쓰러지면서, 빙하를 녹여서 흘러내리는 강변의 숲속에서 쉬고 있는 듯한 야릇한 몽환 상태에 빠져 있었던 것이다.

그로부터 5일 후, 물도 식량도 바닥이 나고 사막의 배라고 불리는 낙타조차도 모두 쓰러지고 만다. 마침내 체력이 약한 시종 노인은 아침부터 정신 착란을 일으켜, 계속하여 물을 찾으며 헛소리를 지르고, 끝내는 혼자서 웃고 중얼거리며, 손으로 모래를 움켜쥐고는 손가락 사이로 흘려보내기도 했다고 헤딘은 기록하고 있다. 가엾은 노인은 오아시스에 당도하여, 손으로 물을 퍼 올리는 환각에 사로잡혀 있었을 것이다.

이로부터 다시 5일 후, 헤딘은 말라서 고목처럼 되어버린 손, 양피지처럼 까칠까칠해진 피부, 입 속이 터지고, 혓바닥이 갈라지는 극도의 탈수 상태에 빠졌다가, 마침내 생명의 물을 발견하여 10분간에 3L의 물을 들이켰다고 한다. 어떠한 경우에도 냉정을 잃지 않았던 헤딘은 놀랍게도, 물을 마시기 전에 자신의 맥박이 49였다고 기록하고 있다.

급성 탈수 증상으로는 피부 점막의 극심한 건조에다 혈액의 농축에 의해 순환 혈액량이 감소하고, 맥박은 빨라졌다 느려졌다 하며, 신경계는 변조를 초래하여 말기에는 착란 상태가 된다. 체력이 약한 노인이 나타낸 섬모는 아마도 탈수에 의한 증상일 것이다. 또 이런 시기에도 맥박이 평상시보다 느렸던 헤딘의 강인한 체력은 그저 놀라울 뿐이다.

지평선 저편에 나타나서 가도 가도 당도할 수 없는 오아시스의 환상은, 뜨거워진 공기의 굴절에 의한 신기루(蜃氣樓)라고 설명되어 왔으나 헤딘의 정밀한 기록을 읽으면, 이것은 뇌온의 상승, 탈수, 굶주림 등 극한 상황에 놓인 인간의 물에 대한 타는 듯한 갈망에 의한 환각이기도 하다는 것을 잘 알 수 있다.

3장

유령은 왜 한밤중에만 나타나는가?

경계 영역에서의 환각

1. 수면과 환각

어느 조사에 의하면 영국인만큼 유령을 좋아하는 국민도 없다고 한다.
1894년에 영국에서는 조사위원회까지 만들어서 유령에 관한 설문조사를 한 바 1만 7천 200명이 응답을 보내왔다.

유령을 본 적이 있다고 응답한 2,272명 중 1,652명의 체험은 믿을 수 있는 것으로 인정되었다. 이 가운데서 유령을 눈으로 본 것(환시)이 1,120건, 귀로 들은 것(환청)이 388건, 유령에게 꼬집혔거나, 쓰다듬을 당했거나, 머리카락을 잡힌 것 등(환촉)이 144건이었으니 압도적으로 환시 체험이 많다는 것을 알 수 있다.

또 유령이 즐겨 나타나는 장소와 시간에 대해서는, 밤중 침대에 누워 있을 때에 나타난 것이 423건, 낮에 일어나 있을 때에 집안에서 나타난 것이 438건, 집 밖에서 나타난 것이 201건이었다고 한다.

깨어 있을 때에 유령이 실내에 나타난 것이 의외로 많은 것이 뜻밖이었지만, 이것은 당시 밝은 조명이 없고, 건물도 채광이 나쁜 낡은 벽돌집이었다는 것을 고려할 필요가 있지 않을까. 낮에도 으스름한 낡은 벽돌집 건물에는 이상한 반향 현상(反響現象)이 있어 멀리 떨어져 있는 방에서 일어나는 소리가 엉뚱한 곳에서 또렷이 들리는 일조차 있다. 에드거 앨런 포의 걸작 중 하나인 『어셔가(家)의 몰락』에서 주인공을 괴롭히는 으스스한 소리는, 당시의 낡은 가옥의 구조를 무시하고서는 생각할 수 없는 일이다.

이런 일들을 고려하면 유령이 즐겨 나타나는 것은 밤의 침실, 즉 잠들기 직전에 많다는 것을 알 수 있다.

항간에는 불길하다 하여 쓰지 않고 잠가놓은 '열리지 않는 방에서 자면 반드시 가위에 눌린다, 유령이 나온다.'는 등의 말이 있는데, 이런 괴담의 대부분은 잠들기 직전의 환각이다. 이러한 종류로, '잠든 사이에 도깨비가 덮쳤다, 털투성이의 짐승에게 잡아먹힐 뻔했다, 또는 칼이 천장에서 가슴을 찌르려고 해서 떨쳐 내려고 해도 몸이 옥죄어 몸부림을 치다가 식은땀을 흘리며 잠에서 깨어났다.'는 등의 체험이 가장 많다.

일본의 도사(土佐)라는 지방에는 '야마지지(山地地)'라고 불리는 도깨비가 있어 잠든 사람을 덮쳐 호흡을 빨아먹는다고 한다. 호흡을 빨아 먹힌 사람은 죽지만, 빨아 먹히고 있는 것을 다른 사람이 보게 되면 그 사람은 도리어 장수한다고 하여, 커다란 멧돼지 같은 짐승이 자고 있는 사람의 가슴 위에 올라타고 있는 그림마저 있다. 이것이야말로 잠이 들

야마지지 | 『일본 요괴 변화사』

려는 때의 환각이 요괴로서 다루어지고 있는 얘기다.

식인귀

잠들려는 때의 환각을 다룬 문예 작품으로서 뛰어난 것은 L.한의 『식인귀(食人鬼)』일 것이다. 이것은 『우월 이야기(雨月物語)』에 나오는 『푸른 두건』을 작에 있는 비역질의 대상이던 사랑하는 총각의 시체를 탐식한다는 번거로운 설명이 생략되어 있어서 도리어 효과를 높여주고 있다.

무소(夢窓)라는 덕망 높은 스님이 도깨비가 나온다며 간절히 말리는 동네 사람들을 뿌리치고 홀로 초상집에서 밤샘을 하게 되었다.
이윽고 사람들이 물러간 뒤, 스님은 혼자 남아서 유해가 있는 방에 가 보았다. 유해 앞에는 어디서나 볼 수 있는 음식물이 놓여 있었고, 작은 촛불이 타고 있었다. 스님은 경을 읽고 인도하는 계를 읊었다. 그런 다음 묵상에 들어가 얼마 동안을 그대로 가만히 앉아 있었다. 밤이 깊어졌을 무렵 갑자기 커다란, 형체가 분명치 않은 몽롱한 것이 소리도 없이 집안으로 쑥 들어왔나 보다 하는 찰나, 스님은 갑자기 사지가 꽁꽁 옥죄어지듯 하며 말을 할 수 없게 되었다. 보고 있노라니 그 크고 몽롱한 것이 시체를 번쩍 들어 올려서는, 마치 고양이가 쥐를 잡아먹는 것보다도 더 빠르게 와작와작 소리를 내면서 뜯어먹기 시작했다. 먼저 시체의 머리에서부터 시작하여 머리카락, 뼈, 그리고 수의까지 먹어 치우고는 다시 음식물도 깡그리 먹어 치웠다. 그러고는 처음과 같이 소리도 없이 어디론가 사라졌다.

즉, 스님이 묵상에 잠기고 나서 밤이 깊어진 무렵 괴물을 보고 몸이 옥죄이며 소리도 지를 수가 없었다고 하는 대목이 바로 잠들려는 때에 일어나는 환각의 특징임을 잘 나타내고 있다.

스님의 정신은 맑은데도 몸이 움직여지지 않는다는 현상은 뇌간 망양체(腦幹網樣體)의 기능이나, 폴리그래프(동시 기록기)에 의한 수면 연구가 진보하기까지는 뇌(腦)수면과 체(體)수면의 시간차로서 설명되어 왔다.

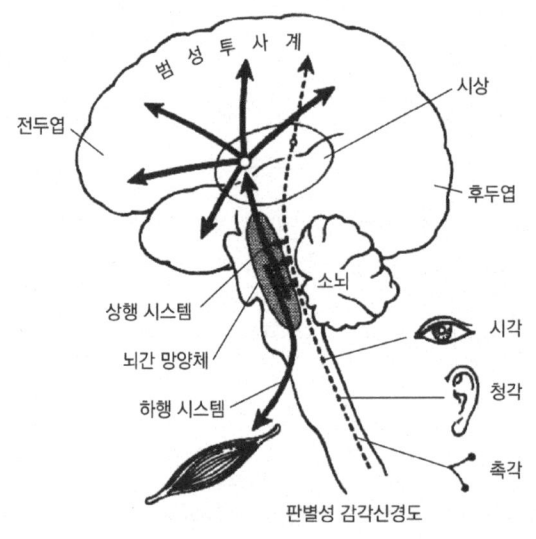

뇌간 망양체와 수면·각성의 메커니즘 | 점선으로 표시한 신경로를 위쪽으로 보내지는 신호의 일부는 뇌간 망양체로 들어가고, 실선의 화살표처럼 뇌 전체에 활력을 준다.

뇌간 망양체란 마군(魔軍)에 의해 비로소 그 기능이 밝혀진 뇌간에 위치한 신경계이다. 인간이 잠에서 깨어 맑은 의식 상태를 유지할 수 있는 것은 이 뇌간 망양체의 상행 시스템 작용에 의한 것이다.

그림과 같이 시각·청각 등의 판별성 감각 신경로를 상행하는 신호(점선)가 직접 대뇌 피질을 자극하여 대뇌 전체를 각성 상태로 유지하는 것이 아니라, 뇌간 망양체로부터 대뇌 피질 전체로 투사하고 있는 다른 상행 시스템(범성 투사계)이 대뇌 피질 활동 전체에 활력을 주어 의식 수준을 각성 상태로 유지시키는 구조로 되어 있다.

따라서 이 망양체의 활동이 약해지면 의식 수준이 떨어져서 수면으로 이행하고 망양체의 활동이 정지하면 혼수에 빠진다. 교통사고 등에 의해 식물인간이 된 사람 중에는 이 망양체의 손상에 의한 것으로 생각되는 경우도 포함되어 있다. 망양체에는 이 상행 시스템 외에 근육의 긴장력을 유지하는 하행(下行) 시스템이 있고, 이 하행 시스템의 기능이 손상되면 동물은 근육의 긴장을 잃어 허리가 빠진 것처럼 움직일 수 없게 된다.

흥미로운 일은 이 뇌간 망양체의 고장으로 생각되고 있는 '나르콜렙시(narcolepsy)'라는 이상한 병이 있다. 환자는 낮에는 끊임없이 엄습하는 졸음에 시달리고, 전차의 손잡이에 매달린 채 잠들어 버리는 일도 있어 주위로부터는 게으름뱅이로 오해를 받는 경우가 많다.

필자의 환자는 세무 공무원이었는데, 저항하기 힘든 졸음 때문에 상사 앞에서건, 필사적으로 해명하는 납세자 앞에서건, 걸핏 하면 졸아댔다. 그러나 아무리 설명을 해도 상사가 이해하지 못해서 마흔이 넘었음에도 승진조차 못하고 있다. 또 그는 역에서 옛 친구를 만나 반가운 감정이 솟아오른 순간 허리가 빠져 그대로 플랫폼에 주저앉아 버렸다. 나르콜렙시의 또 하나의 증상 중 '정동성 근장력 실조 발작(情動性筋張刀失調發作 : cataplexy)'이라고 하여, 이와 같이 웃거나 놀라거나 하는 등 감정의 변동이 일어난 순간에 갑자기 허리가 빠져 주저앉아 버리는 발작이 있다. 이것은 근육의 긴장력과 관계가 있는 뇌간 망양체 하행 시스템의 장애에 의한 것이다.

이밖에 나르콜렙시 환자는 야간에 수면 장애를 받고, 잠들려고 할 때는 환각을 수반하는 일이 많으며, 이때의 환각은 진성 환각에 가깝고 내용도 불안, 공포에 찬 것이 많다고 한다. 어느 다른 환자는 13년 전에 겪은 몸이 옥죄이는 체험을 지난밤의 일처럼 생생하게 얘기했다.

여름 감기에 걸려 툇마루 가까이에 자리를 펴고 꾸벅꾸벅 졸고 있을 때였다. 교교한 달밤이었는데도 갑자기 주위가 어두워졌다. 이상하게 여기고 있는데 미적지근한 바람이 불어오더니 천장에 고향에 계실 터인 어머니의 머리가 나타났다. 그 머리가 비릿한 바람과 함께 나를 향해 온다. 피하려 해도 몸이 납덩어리처럼 무거워져서 움쩍도 할 수가 없다. 머리는 바로 코앞까지 다가와서 어머니의 콧김도 느껴졌다. "추석에는 꼭 돌아와야 해."하고 어머니의 머리가 말했다. 옥죄었던 몸이 풀리는 순간 다시 훤한 보름달의 달빛이 되돌아 왔다.

위 환자의 공포의 환각은 대개가 같은 패턴이었으며 나르콜렙시가 낫기까지 8년간이나 계속되었다.

잠자리에 들면 갑자기 주위가 어두워지고 미적지근한 바람이 불어와서 여름철인데도 오싹해지면서 한기를 느낀다. 그리고 무엇이 복도로부터 미닫이를 열고 들어오는 소리가 들리며 베갯머리에 와 앉지만 얼굴은 통 알 수가 없다. 문이나 미닫이가 실제로 열려지지는 않지만, 분명히 끽하고 문이 열리는 소리, 쿵쿵하고 복도를 걸어가는 소리가 들린다. 그리고 그동안은 몸이 옥죄어 전혀 움직일 수가 없게 된다는 그런 등등의 것이다.

여기서 제2장과도 관계되는 일이므로 수면에 대한 최근의 지식을 대충 설명해 두기로 하자.

뇌파는 수면의 깊이에 따라서 미묘하게 변화하고, 깊은 수면기에는 서파(徐波 : 느린 파동)가 많으나 새벽녘이 되면 뇌파는 마치 각성 시와 같은 파형을 나타내는데도, 본인은 정신없이 자고 있는 시기가 있다는 것이 일찍부터 알려져 있었다. 블레이크는 이것을 제로기(零期)라고 명명했으나 당시에는 그다지 학문적으로 주의를 끌지 못했다.

그 후 뇌파와 동시에 심전도, 근전도, 호흡 곡선, 피부 전기 반사(GSR), 혈압, 안구 운동 등을 연속적으로 기록하는 폴리그래프 기술이 발달하여, 수면의 리듬을 분석하는 종야 수면(終夜睡眠)의 연구가 활발해지자 이 제로기에 중대한 의의가 있다는 것이 밝혀졌다.

수면 연구의 권위자인 클레이트만 교수의 대학원 학생이었던 아세

린스키는 갓난아기가 눈을 깜박이는 횟수와 수면의 깊이를 조사하다가, 눈꺼풀이 활발하게 움직일 때는 몸도 활발하게 움직이고, 눈꺼풀이 움직이지 않을 때는 몸도 움직이지 않는다는 사실을 알았다. 여기에 흥미를 느낀 그는 성인인 경우는 어떨까 하고 안구 운동 기록 장치를 고안하여 수면 심도와의 관련을 추구하여 마침내 블레이크의 제로기에 한해서, 두 눈이 대칭적인 급격한 운동을 한다는 것을 발견했다.

이 급격한 안구 운동(Rapid Eye Movement)의 머리글자를 딴 REM(렘)기가 제로기, 부활 수면(賦活睡眠 : activated sleep)기, 역설 수면(逆說睡眠 : paradoxial sleep)기 등 여러 가지 이름으로 불리던 이 특수한 수면기의 정식 명칭으로 되어, 이후 수면은 렘기와 논렘기의 둘로 나누어 논하게 되었다.

렘기가 주목을 받은 이유는, 렘기에는 근긴장이 떨어지고, 심장의 고동이 높아지며, 호흡 곡선이 흐트러지는 등 복잡한 자율신경계의 변화가 일어나며, 뇌와 몸의 수면이 괴리된 시기라는 것, 이 시기에 피험자를 깨워보면 꿈을 꾸고 있는 경우가 많다는 것이 알려졌기 때문이다. 아세린스키의 발견은, 말하자면 꿈의 연구에 생리학적인 실마리를 제공한 것이 되어 꿈의 폴리그래프가 활발히 연구되었다.

이 무렵 안구가 수평 운동을 하고 있는 피험자를 깨워서 질문해 보니 마침 탁구 경기의 꿈을 꾸고 있던 중이었다고 하며, 상하 운동을 일으키고 있는 피험자는 사다리를 잘 살 피면서 올라가던 중이었다고 대답하더라는, 마치 만담과도 같은 얘기가 학회에서 진지하게 토의된 시기도 있었다.

그러나 그 후 논렘기에도 상당한 비율로 꿈을 꾼다는 사실도 알게 되었다.

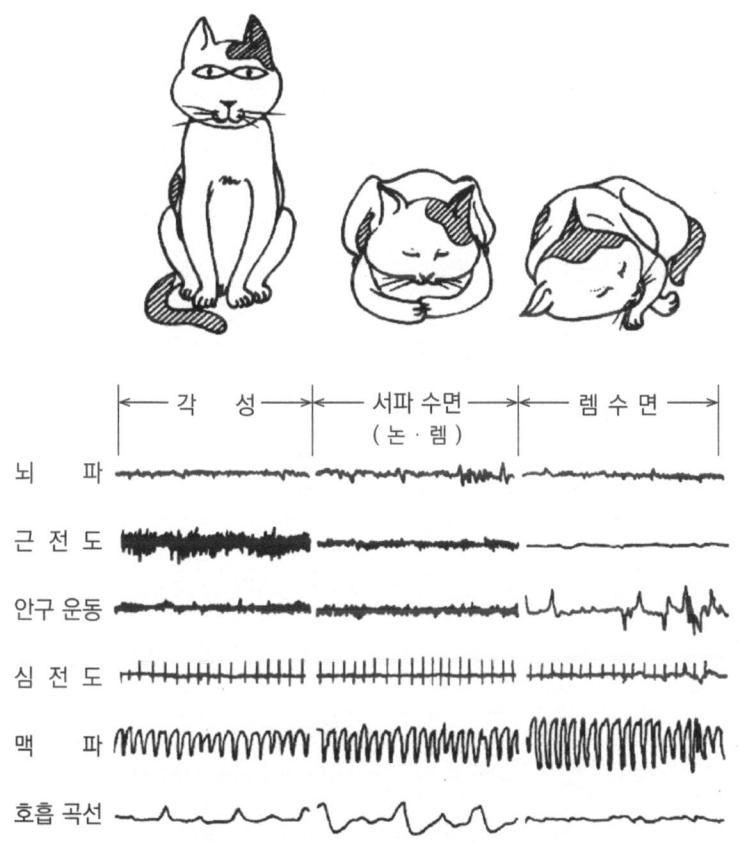

고양이의 세 가지 의식수준(쥬베에 의함) | 수면이 깊어지면 뇌파는 서파로 차지되고 서파 수면이라고 불린다. 렘수면에서 뇌파는 각성 때에 가까운 데도 근전도는 극단으로 떨어지고, 급격히 안구가 움직이며 호흡도 얕게 흐트러지는 등 특유한 형태를 볼 수 있다.

또 피셔는 음경의 발기가 이 렘기와 일치하고 있다는 것을 증명했다. 흔히 모르겐 이렉션이라고 불리는 이 현상은 그때까지는 가득 찬 방광으로부터의 자극에 의해서 일어나는 것이라고 생각되었으나, 피셔의 폴리그래프를 사용한 연구에 의하면, 수면 중의 음경 발기는 방광 내압의 변화와는 전혀 관계가 없으며 렘기와 완전히 일치하여 일어난다. 즉 심전도나 호흡 곡선의 변화와 똑같은 성질의 자율신경계 변화의 하나에 지나지 않다는 것이 증명되었다.

제1장의 『아사지케 주막』에서 나그네가 새벽녘에 생생한 성몽(性夢)을 꾸고 잠에서 깬 것 역시 이 같은 이유에 의해서이다. 새벽녘 수면에는

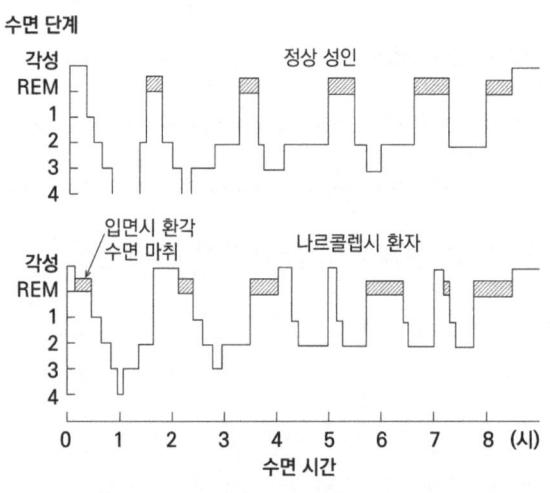

나르콜렙시의 수면도 | 사선 부분이 REM기 (엔도시로 「임상정신의학 최근의 토픽스(2)」)

렘기가 많아지고 음경의 발기를 수반하기 때문에, 음경의 충혈에 의한 내장 감각의 자극이 대뇌에 반영되어 생생한 성몽을 꾸며, 뇌수면이 가장 얕아진 렘기를 통과해서 잠이 깨는 것이다.

앞에 보인 그림은 나르콜렙시 환자와 정상인의 종야 수면을 수면 심도 막대형 그래프로 비교한 것이다. 정상인의 수면에서는 일단 심도 4의 깊은 수면에 도달하지 않고서는 렘기가 나타나지 않는 데 반해, 나르콜렙시 환자의 수면에서는 잠들기 시작한 직후에 렘기가 나타난다. 렘기에는 이미 보아 왔듯이 근육의 긴장이 극단적으로 떨어지기 때문에 옥죄이기 현상이 일어나는 것이다.

이와 같이 잠든 직후에 나타나는 특수한 렘기를 슬리프 온세트 렘(S·O·REM)이라 부르는데, 정상인이라도 조건에 따라 서는 나르콜렙시 환자처럼 잠이 들려는 때의 환각과 같은 S·O·REM을 일으키는 일이 있다.

속된 말로 '배꼽시계'라는 말이 있는데, 최근의 연구에 의하면 시상하부의 송과체(松果體) 주변의 '체중 시계(體中時計)'에 의해서 대략 24시간 전후의 '일주율(日周律: circadianrhythm)'을 만든다는 것을 알게 되었다. 따라서 캄캄한 터널 속에서 생활하더라도 이 체중 시계에 의해서 일정 시간에 졸음이 오고, 아침에는 어김없이 깨어나는데, 지나치게 장기간이 되면 바깥 시간과 차이를 낳는다. 즉 수면은 이 체중 시계의 내부 리듬과 밤낮의 명암이 만드는 외부 리듬과의 조정에 의해서 정확히 유지되고 있다.

그런데 최근에는 제트기에 의한 시차나 야근자의 증가에 의해서 외부 리듬과 체중 리듬의 불일치에 의한 불면이 증가하고 있다. 정상 수면에서 렘기는 일단 심도 4의 골짜기에 이르는 90분 이후밖에 나타나지 않으며, 더구나 아침나절이 되면 그 지속 시간이 길어지게끔 체중 시계로 세팅되어 있다. 따라서 야근자가 통상의 경우에도 렘이 나타나기 쉬운 아침녘에 취침하면 갑자기 렘이 나타나기 쉬워진다.

또 잠을 이룰 수 없는 여름철에는 불면이 계속되어 수면 리듬이 흐트러지고, 게다가 여행에 의한 과로나, 잠드는 시간의 차질, 식체나 감기에 의한 신체적 부조에 잠들기 전의 불안·긴장이 가해지면, 정상인이라도 스님이 본 것 같은 괴상한 꿈, 몸이 옥죄어지는 체험, 즉 S·O·REM이 나타나는 것이다. 이를 통해 독자 여러분은 괴담이 여름철에 많은 이유의 일단을 이해했으리라 생각한다.

1979년에 NHK가 청취자로부터 괴담의 체험 예를 모집하여, 필자가 해설을 담당하는 기회를 가졌었는데, 그중의 약 3분의 1이 몸이 옥죄어지는 체험이었다. 항간의 괴담 중에는 '밀폐된 방'으로 대표되는 가위에 눌린 체험이 굉장히 많다. 이것은 여행에서의 과로, 취침 시간의 차질, '밀폐된 방'에서 잔다고 하는 예기 불안(豫期不安) 등에 의해서 S·O·REM을 일으킨 것으로 설명할 수 있다. 그러나 아직도 과학적으로 설명할 수 없는 사례 또한 존재한다.

심리학자이자 심령 현상의 연구가이기도 했던 메이지(明治)대학의 오구마(小能) 교수는 노기(乃木希典) 장군이 1909년 6월 24일 학습원(學習院)에서 한 강연 기록으로부터 다음과 같은 사례를 들고 있다.

1869·70년대, 노기 장군이 아직 스물 몇 살 때의 일이었다. K시로 출장을 갔을 때 숙소로 마련된 곳이 당시로서는 드문 목조 3층 건물인 O라는 부호의 저택이었다. 전망이 좋으리라 생각하여 늙은 가정부에게 3층 방에다 잠자리를 마련해 달라고 일렀는데도 웬일인지 2층 방에 잠자리를 마련해 주는 것이었다. 그래서 어느 날 밤 재차 지시를 했더니 마지못한 듯이 3층에다 잠자리를 폈다. 그런데 잠이 들자마자 뭔가 방으로 들어서는 것이다. 그리고는 여자 목소리가 나면서 모기장 밖으로부터 장군의 귓전에 얼굴을 대려 하기에 퍼뜩 일어나 본즉 아무도 없다. 다시 잠이 들려하면 또 같은 일이 되풀이되는 바람에 밤새도록 잠을 잘 수가 없었다. 뿐만 아니라 다음날 밤에도 여자가 나타나 같은 일이 벌어졌다. 그런데 사흘째 되는 날 밤에는 아무 말도 하지 않았는데도 가정부가 "3층에서는 주무시지 못하시는 듯하여 2층에다 잠자리를 마련했습니다."하고 꿰뚫어 보듯이 말했다. 훨씬 뒤에야 알게 된 일이지만, 이 3층 방은 선대(先代) 때 부정을 저지른 첩을 기둥에 묶어 굶겨 죽인 방이었다고 한다.

노기 장군의 체험은 앞에서 말한 나르콜렙시의 잠들려는 때의 환각과 흡사하다.

그러나 노기 장군은 사전에 O가(家)에 얽힌 얘기를 전혀 몰랐었기 '밀폐된 방'에서 잘 때와 같은 예기 불안은 없었을 것이다. 또 여행 중의 수면의 난조로부터 S·O·REM을 일으킨 거라 해석하더라도, 2층에서는 아무렇지도 않았는데, 왜 3층에서만 이틀 밤이나 계속해서 S·O·REM을 일으켰는지를 설명힐 수가 없다.

오구마 교수는 이 얘기를 오래 기억하고 있었던 데다, 또 다른 사람의 기록이기는 하지만 '꽤 신빙성 있는 사례'로 다루고 있다.

하기야 괴담 중에는 과학적으로 설명할 수 없는 부분이 다소 나마 남아 있는 편이 도리어 독자에게도 안도감 같은 것을 주게 되는 것이 아닐까?

얘기가 잠시 빗나갔지만, 나르콜렙시에 수반하는 것과 같은 진성 환각에 가까운 잠들려는 때의 환각이 정상인에서도 조건에 따라서는 일어날 수 있다는 것을 잘 이해했을 것이다.

신체적인 과로, 질병 등으로 인한 정신적 불안, 긴장과 같은 심리적 변수가 첨가되면 잠이 들려는 때에 불안과 공포에 찬 환각이 나타난다. 스님이 본 괴상한 꿈도 이러한 잠들려는 때의 환각, 바로 그것이다.

브루투스, 너마저도!

예로부터 유령이 나타나는 것은 초목도 잠드는 한밤중으로 정해져 있고, 환각이 생기는 것은 야심하고 비몽사몽간일 때가 많다. 첼로를 켜는 고슈가 여러 가지 동물의 환상을 보는 것도 미명이며, 브루투스가 필리피 전투 전야에 악령을 본 것도 깊은 밤중에 졸고 있을 때였다.

『플루타르크 영웅전』의 성격 묘사에 의하면 브루투스만큼 이성적이고 의지가 강하며 조화가 잘 잡혀 있어, 정신 장애를 일으키는 데 어려운 인격도 없을 것으로 생각된다.

그러나 그만한 인물일지라도 부친을 죽이는 일과도 같은 카이사르(시저) 암살 계획 — 카이사르 쪽에서는 브루투스를 자기 아들이라고 믿고 있었던 듯하다 — 에 말려들고부터는 밤만 되면 딴사람처럼 변했다. 옆에서 보기에도 뭔가 심각한 고민이 있는 듯이 보였기에, 그의 아내는 마침내 자신의 팔에 상처를 내어 부부는 일심동체라는 증거로 삼아 그 계획을 실토하게 하였고, 브루투스도 아내를 동지로 참가시켰다고 한다. "브루투스, 너마저?"라는 명구로 알려져 있는 카이사르의 암살, '안토니우스의 연설'에 의한 로마 시민의 역전, 로마를 탈출한 후의 각지에서 잇따른 전투, 특히 에피담노스 원정에서는 과로와 추위로 병에 걸렸다고 기술되어 있다.

잇따른 배신, 동지와의 사별, 그리고 회전 직전에는 맹우 카시우스와도 사이가 나빠져서 브루투스는 온갖 일을 혼자서 처리하지 않으면 안 되는 상황으로 몰려 있었다. 환각은 이러한 극한 상황이 최고에 달한 필리피 전투 전야에 나타났다.

전군(全軍)이 아시아로부터 유럽으로 건너가려 하고 있을 때 브루투스에게 중대한 조짐이 나타났다고 전해지고 있다. 그는 원래 잠귀가 밝은 데다 훈련과 절제로 수면도 짧게 취했고, 낮에는 눕는 일이 없었으며, 모두가 쉬는 밤에도 할 일이 없고 말상대도 없는 시간만을 수면에 충당하고 있었다. 그런데 이 무렵, 전쟁이 시작된 데다 전반적인 중요한 일을 장악하고 있었고, 장래에 대한 배려에도 정신을 쓰고 있었기 때문에, 저녁 식사 후 잠시 졸 뿐, 나머지 시간은 야간에도 급한 일을 처리하는 데에 써야만 했다. 그러나 그런 사무를 정리하고 나면 야경 삼각까지 책을 읽었고, 그 무렵이면 백인대장(百人隊長)이 브루투스에게로 오게 되어 있었다. 그런데 군대를 아시아로부터 유럽으로 이동시키려 하고 있을 때, 밤은 으슥하고 천막에는 희미한 불빛이 반짝일 뿐 군영 전체가 적막 속에 잠겨 있었다. 브루투스는 뭔가 골똘히 생각에 잠겨 있었는데, 문득 누가 들어서는 듯한 기척을 느꼈다. 그래서 입구 쪽으로 눈을 돌리자, 몸집이 유달리 크고 무섭게 생긴 괴상한 모습이 잠자코 자기 곁에 서 있는 것이 보였다. 그는 용기를 내어 "누구십니까, 사람입니까, 신입니까? 무슨 일로 오셨소?"하고 묻자 환영이 대답하기를 "나는 당신의 악령이오. 필리피에서 다시 만납시다."라고 했다. 그래서 브루투스도 태연히 "그럽시다."하고 대답했다.

-『플루타르크 영웅전』

   이 환영에 대해 하인은 모습도 본 일이 없고 소리도 들은 적이 없다고 했다. 정신의학적으로 보아 브루투스처럼 정신에 변조를 일으키기 어려운 사람이라도 여러 가지 악조건이 겹쳐지면 일과성 환각을 일으키는 것이다.
   브루투스의 환각에서는 잇따른 정신적 긴장, 만성 기아 상태, 과로, 죄책감 등에 의해 극도로 지친 상태에 있었던 것이 환각을 일으킨 소지로 되어 있으나, 가장 큰 원인은 극도의 수면 부족이라고 생각된다. 브루투스는 훈련에 의해 단시간에 깊은 수면을 취할 수 있었던 것 같으나, 카이사르의 암살 후 수 개월은 이 짧은 수면 시간마저 쪼개어 중요한 일을 처리하지 않으면 안 되었다. 즉, 그는 당시 극도의 수면 부족에 빠져 있었다.

정신과의 임상에서 분명히 수면 부족에 의해 발병한 것으로 생각되는 증상과 부닥치는 일이 있다. 신문 배달을 하는 청년이 나를 찾아온 적이 있다. 청년은 새벽 4시부터 배달을 했다. 다른 동료들은 낮잠을 충분히 자서 수면 부족을 보충하였지만, 그는 젊음을 과신하여 마구 돌아다녔다고 한다. 그런 생활이 6개월이나 계속된 끝에 결국 발병한 것이었다.

실험 정신병리학이라는 것은 실험적으로 정신병 같은 상태를 만들어 연구하는 영역인데, 그중 하나에 인간을 장시간 잠재우지 않는 단면 실험(斷眠實驗)이 있다. 수면은 인간의 생존에 필수적이라 식사는 잠시 공급하지 않아도 살 수가 있으나, 만약 수면을 빼앗아 버리면 인간은 머지않아 죽어 버린다고 최근까지 믿어져 왔다. 하지만 그렇게 금방 죽어 버리지 않는다는 것이 얼마 후 밝혀졌는데, 그렇게 오해하게 된 근본은 아마 다음과 같은 실험 때문이었을 것이다.

1894년에 마나세느가 강아지를 4~6일간 잠을 자지 못하게 했더니 체온이 두드러지게 떨어져서 죽었다고 한다. 그러나 그 후 다 자란 개, 토끼, 쥐를 사용한 추가 실험에서는 반드시 죽는 것이 아니라는 사실이 인정되었다.

인간을 사용한 실험도 같은 19세기 말에 패트릭과 길버트가 했다.

세 사람을 90시간 재우지 않았더니 감각, 반응 속도, 운동 속도, 기억력 등이 떨어졌는데, 12시간의 수면으로 회복했다. 그런데 이 실험 중 한 사람에게 환각이 일어났다고 한다.

단면 시간의 최장 기록은 디멘트가 17세의 소년에게 실험한 264시간으로서, 이렇게 장시간의 단면을 해도 인간은 죽지 않는다는 것이 증명된 셈이다. 가장 대규모의 단면 실험으로서는 제2차 세계대전 중 미국에서 수백 명의 병사를 사용한 사례가 있는데, 단면 2~3일째부터 초조감 증가, 기억력 감소 등 정신 기능의 이상을 보이는 경우가 많았고, 개중에는 심한 착각이나 환각을 일으킨 사람도 있었다고 한다. 그러나 환각은 일시적이며 실험 종료 후 충분히 수면을 취하게 한 후에는 아무런 이상도 나타내지 않는 사람이 대부분이었다. 이 중의 단 2명만이 수년에 걸쳐서 정신 이상증이 있었다고 한다.

웨스트는 완전 단면이 100~120시간 행해진 경우 단면성 정신 이상증이 반드시 일어난다고 했는데, 정신병적 상태는 단면 실험 중에서만 일어날 뿐이었으며, 피험자는 실험이 끝난 후 깊은 잠에 빠졌다가 깨어난 후에는 완전히 회복하는 경우가 대부분이었다. 그러나 앞에서 말한 대규모 실험에서는 후유증을 남긴 사람도 있었기 때문에 아마 피험자의 소질에 관계되는 부분도 있을 것이다.

이같이 정상자라도 장시간 잠을 재우지 않으면 대부분의 사람에게 일과성 환각이 나타날 수가 있다.

브루투스의 환시는, 여러 가지 악조건이 누적된 상황에서 일어난 환각인데, 그 주역은 아마도 장기간에 걸친 극단적 수면 부족일 것으로 생각된다. 브루투스는 카이사르를 암살한 후 일종의 단면 실험을 무의식 중에 하고 있었던 것이다.

2. 약물과 환각

알코올과 환각

에드거 앨런 포가 커다란 까마귀의 환영을 본 것도 졸고 있을 때였다.

전에 적막한 한밤중에 사람들이 망각한 옛날 과학을 기록한, 숱한 진귀한 책을 읽고는 정신이 지친 나머지 –
나도 모르게 꾸벅꾸벅 졸기 시작한 그때, 문득 똑똑 문을 두드리는 소리,

  누가 가만히 노크하는 소리처럼, 나의 방문을 울리노라.

"아아 손님이 왔군." 나는 중얼거렸다.

"나의 방문을 두드리는 건 –
오직 그것일 뿐, 달리는 없다."

  (중략)

그리고 진홍빛 커튼의 까닭 없는 비단결을 스치는 소리가 나를 전율하게 했다.
한 번도 느껴본 적이 없는 환상의 공포로 나를 채워 놓았다. 그래서 거칠어진 심장의 고동을 진정시키려 이제야 나는 되풀이했다.

"나의 방문을 열게 하려고 찾아온 어떤 손님일 게다.
나의 방문을 열게 하려고 밤늦게 찾아온 손님일 게다.
바로 그렇다. 달리는 없다."

이윽고 공포에 떨던 영혼도 차츰 기운을 되찾아 주저할 것도 없어져서,
"거기 있는 사람이여." 나는 말했다.
"누구신지 우선 사과를 드리리라.
아무래도 나는 졸고 있었나 보다. 당신은 살짝 노크를 했다,
어렴풋이 와서, 아주 나직이 내 방문을 두들겼다,
그래서 내 귀에는 들리지 않았다."
이렇게 말하며 나는 문을 활짝 열었다.
거기에 있는 건 어둠뿐 달리는 없다.

(중략)

나는 방안으로 돌아오고, 영혼은 몸속에 불길이 되어 타올랐다, 그러자 나는 다시 들었다, 전보다 좀 더 크게 똑똑 두드리는 소리.
"분명히" 나는 말했다.
"분명히 이 소리는 격자창에서 울려오는 소리,
아무튼 무엇인지를 이 눈으로 보고, 이 불가사의를 밝혀 보련다.
하다못해 잠시 내 마음을 쉬게 하여, 불가사의를 밝혀보자.
어쩌면 바람일 뿐, 달리는 없다!"

나는 걸 문을 열어젖혔다. 그때 날쌔게 활개 치는 소리,
춤추며 나타난 건 옛 성인(聖人) 시절의 위엄에 찬 까마귀 한 마리.
인사도 없이, 한순간도 쉬지를 않고 멈추지도 않으며,
왕후 귀부인의 거동으로 내 방문 위로 내려섰다.
내 방문 위의 파라스상(像)에 내려섰다.
 유연히 자리 잡아 움쩍도 하지 않는다.

그때 흑단색 이 새는 묵직하고 위엄이 깃든 표정을
그 얼굴에 띠워, 나의 가라앉은 기분을 미소로 이끌었다.
 "네 볏은 깎은 듯이 짧은데..." 나는 말했다,
 "넌 겁쟁이고, 음침한 밤의 강기슭으로부터 헤매어 나온 옛날 까마귀가 아니다."

말하라, 밤을 다스리는 저승의 강기슭을 향해서, 너의 왕과 제후의
이름을 뭣이라 부르는지!"
 까마귀는 대답했다. "이젠 이미 없노라."

— 『포 전집』

 포는 잠들기 직전에 소리를 듣고 문을 열지만 아무것도 없었고, 두 번째로 덧문을 열었을 때는 큰 까마귀의 환시가 나타난다.
 정상인에게도 잠들기 직전에는 청각이 과민해지는 시기가 있다. 앞

에서 말했듯이 브루투스도 누가 천막 안으로 들어온 듯한 소리를 들은 다음 악령을 보게 된다. 우리도 잠자리에 들어 졸음에 잠기면서부터 바깥에서 뭔가 소리가 나는 듯하여 문단속을 확인하러 가는 일이 있다.

포의 큰 까마귀 환시가 시를 쓰면서 한 상상인지, 정말로 환시 체험이었는지는 판별하기 곤란하지만, 나는 알코올 중독 증상에 의한 환시가 아닐까 생각한다.

큰 까마귀의 환영(도레 그림)

포가 알코올을 좋아하는 것은 유명한 사실이며, 결국은 40세에 알코올 금단 증상의 하나인 진전(振顫)을 일으켜 죽었다는 것을 포의 병적학(病跡學)의 권위자인 노무라(野村章恒) 씨가 증명하고 있다.

이 진전이라는 병은 대주가가 병에 걸리거나 하여 갑자기 술을 끊었을 때 등에 일어난다. 그날 밤부터 한 잠도 못 자게 되고, 비지땀이 흐르고, 손과 몸이 떨리기 시작한다. 단주 3일에서부터 4일 후에는 아무것도 없는 벽이나 천장에 작은 벌레나 뱀 또는 난쟁이 등이 보이거나, 자기를 부르는 소리가 들리거나, 하늘나라의 음악 같은 묘한 가락이 들려오는

3장 | 유령은 왜 한밤중에만 나타나는가? 139

쥐의 난쟁이 | 알코올 중독에 의한 소동물 환시를 그린 옛 자료(『일본 요괴 변화사』)

등 꿈속에 있는 듯한 환각 체험이 일어난다. 환자는 그런 증상에 영향을 받아 안정을 잃게 되는데, 이 상태는 꼬박 3일 정도로 이어지고, 환자가 깊은 잠에 빠졌다가 깨어나면 마치 다시 태어난 것처럼 개운해진다고 한다. 이것은 알코올 금단 증후군에서 가장 대표적인 것이다.

알코올 정신병 같은 것은 자기와는 전혀 관계가 없다고 생각하는 사람이 많을 것으로 생각한다. 하지만 누구든지 매일 4홉(약 0.7리터) 이상의 술을 10년간 마시면 중추신경의 변조를 초래하고, 술을 끊으면 손이 떨리며 잠을 잘 수 없게 되어 끝내는 어느 날 밤에 갑자기 무서운 환각이 나타날 수 있다. 건강한 성인 남자의 하루 알코올 처리 능력은 청주로 환산해서 약 4.7홉이 되는데, 매일 마시고 있으면 처리 능력이 떨어지므로 3홉 정도가 안전한 한계량이다. 건강이 나빠지면 처리 능력이 더욱 떨어지게 되는데, 간염이나 위 절제 수술 후 술을 마시면, 더욱 빠른 속도로 취기가 돌거나 알코올 중독이 진행되어 병원을 찾게 되는 사람이 많다.

내가 최근에 경험한 46세의 기능공은 15세부터 음주를 시작했다고 한다. 3교대 근무를 하기 때문에 잠을 잘 자기 위한 핑계로 하루 7~8홉이나 마셨다. 그래서 5년 전부터 간 장애와 고혈압으로 여러 번 입원했지만 그래도 술을 끊지 않았다. 3년 전부터는 술을 안 마시면 손이 떨리고, 최근에는 식욕 부진, 구토, 현기증 등이 일어나서 외래 검사를 받아 보았더니 간 기능도 나빠졌기 때문에 종합병원 내과에 입원했다.

그런데 입원한 그날 밤부터 머리가 멍한 느낌으로 한잠도 못 잤는데, 이틀째 점적 주사를 맞고 있다가 점적 속도를 조정하는 투명한 비닐 점적 세트 속에 물고기가 헤엄을 치고 있다고 말하기 시작했다. 그런가 하면 사흘째의 이른 마침에는 화장실에 갔다가 방으로 돌아왔더니, 흰 옷을 입은 사람이 나와 "편히 쉬세요."하는 바람에 무서워져서 간호사실로 달려와 "병원에서 죽은 망령이 텔레비전에 나타나는가 봐요. 이런 걸 다른 사람들에게 말하면 모두 무서워할 테니까 절대 비밀로 지킬게요."하고 진지한 목소리로 수군거렸다. 간호사가 달래어 방으로 돌아왔지만, 갑자기 이불이 붕붕 떠오르는 듯이 보여서 다시 간호사실로 달려와서 이렇게 도깨비가 나오는 방에는 있을 수 없으니까 당장 방을 바꿔달라고 강요했다. 진정제 주사를 맞고 다시 침대로 돌아갔는데, "한 방에 있는 사람이 입에서 파란 연기를 내뿜는다.", "머리 뒤의 벽에 구멍이 뚫려 있어 작은 벌레들이 졸졸 기어 나온다.", 심지어 옆자리 환자의 이불을 들추고는 "이 속에 귀걸이를 단 여자가 또 한 사람 자고 있을 거야."하며 소동을 피웠다.

나중에 듣고 보니 이날이 환각이 가장 활발했던 시기였고, 그날 밤 침대에 누워 있는데 창 쪽에서부터 친구의 목소리로 "버스를 타고 데리러 왔으니 빨리 내려오라.", "한잔 하러 가자!", "네가 안 온다면 네 마누라를 데려가겠다!", "네 등에 달군 철판을 짊어지우겠다!"라는 등 협박하는 내용으로 바뀌고 그 친구의 모습도 보였다. 이때 기타와 하프의 슬픈 음악이 들려 왔다. 나흘째 밤은 환각이 많이 줄었는데도, 허공을 향해 말을 걸거나, 대답을 하면서 복도를 어슬렁거리며 돌아다녔다. 닷새째가 되어 20시간쯤 죽은 듯이 푹 자고 나서는 학질이 떨어진 듯이 개운해졌다.

예전에는 이 환자와 같은 술꾼으로서 금주한 일이 없었던 사람이 충수염 등으로 외과에 입원하여, 입원 3일째부터 진전을 일으켜 정신과 의사를 부르는 일이 흔히 있었다.

진전은 앞에서 말한 증상 예처럼 작은 동물의 환시가 주된 것이지만, 환시가 거의 없고 축제의 피리 소리와 드럼 소리가 시끄럽게 귓전에 들리거나, 자기를 협박하는 소리에 쫓겨 정신없이 빌딩의 창문에서 뛰어내려 골절로 외과에 입원하는 환청을 주로 한 알코올 환각증도 있어, 환청이 오래 계속되는 예에서는 언제나 분열증과의 감별이 문제가 된다.

환각증 환청은 욕설이나 죽이겠다는 협박적이고 불안을 주는 따위의 내용이 많으며, 동시에 주위를 완전히 포위당하는 등의 피해의식을 수반하는 경우가 많다.

그러나 이 환각증은 진전에 비하면 매우 적고, 알코올 이탈 증후군(흔히 말하는 금단 증상)이라고 하면 거의가 진전으로 생각해도 좋다.

소설이나 영화 등에서 이따금 이와 같은 것을 볼 수 있다.

디킨스의 소설을 영화화한 것으로, 명배우 찰스 로튼이 분장한 구둣방 주인인 주정꾼이 술이 떨어지는 순간 찍찍하고 우는 생쥐의 환시가 나타나서 놀라는 장면을 멋지게 연기했고, 이밖에도 레이 미란드가 서부극에서 같은 장면을 연출하고 있다.

포가 『큰 까마귀』를 쓴 것은 36세 때이고, 이때 이미 환시가 있었는지 어떤지는 의문의 여지가 있다. 그 까닭은 나중에 분열증이 된 모파상이 발병 훨씬 전에 분열증 체험을 잘 표현한 『오를라』를 썼고, 또 일본의 아쿠타가와(芥川龍之介)도 『갓파(河童)』에서 정신병자의 세계를 묘사하고 있듯이, 작가의 섬세한 신경에는 진짜 발병에 선행해서 그 작품 위에서 먼저 징조가 나타나는 일이 흔히 있기 때문이다.

그러나 나는 아래서 설명하는 이유로부터 이 무렵의 포에게는 이미 가벼운 환각이 있었던 것으로 생각한다.

알코올의 금단 현상에 대해서는 최근에 연구가 진전되어, 지금까지 알코올 정신병으로 대범하게 다루어져 왔던 현상이 자세히 분석되기 시작했다. 빅터라는 학자는 장기간의 임상 경험에 바탕을 두고 지원자를 써서 대량 음주 후 중지시켜서, 계속해서 일어나는 금단 현상을 시간의 경과를 쫓아 자세히 관찰하는 실험을 했다.

그것에 의하면 금단 현상은 단주 후 7~8시간에서부터 12시간에 걸쳐서 나타나는 일과성 환청이나 환시의 시기와, 단주 3일 후부터 시작하여 2~3일간 계속되는 진전 상태의 두 가지로 뚜렷이 분류된다는 것이 입증되었다. 빅터는 이 단주 직후에 나타나는 일과성 환각을 소이탈 증후군으로서 분명히 진전과 구별했다.

알코올증 치료의 경우, 진전을 처음으로 일으킨 환자의 병력을 자세히 조사해 나가면, 수년 전부터 이미 술을 많이 마시다가 술을 끊었을 때, 몽롱한 상태에서 형체가 분명하지 않은 것이 눈앞에 보이거나, 뭔가 이상한 소리가 들리고 있었는데, 환자는 그것을 이명증으로 생각하고 있었다는 식으로 말하는 경우가 많았다.

즉, 이 같은 요소적인 일과성 환시, 환청의 소이탈 증후군은 진전에 선행해서 수년 전부터 나타나는 일이 많다.

내가 경험한 46세의 기능공은 10년 동안 날마다 4홉 이상의 술을 마시는 모주꾼이었는데, 최근에 야간 근무를 마치고 돌아가는 전차 속에서(그는 야간 근무에 들어가기 직전에 마지막 휴대용 술병을 들이키기 때문에, 그것은 꼭 8시간 후가 된다.) 작은 기러기 같은 역삼각형 검은 점이, 마치 박쥐가 놀라서 둥지를 떠날 때처럼 무수히 나타났다고 한다. 잡으려고 손을 뻗었지만 잡히지가 않았다. 또 귓속에 벌레가 들어있는 것처럼 끊임없이 귀가 울렸다. 게다가 자동판매기에서 컵 술을 살 때의 "쨍그랑" 하는 소리, 거리의 오락실로부터 들려오는 달그락거리는 소리가 몇 십 배로 증폭되어, 마치 자기 가슴에 꽂혀 온 몸속을 전류가 흐르는 듯했다는 등의 청각 과민증을 호소하고 있었다. 이 환자는 과거에도 입원 경력이 있었는데, 그때도, 이번의 진찰에서도 불면증은 없었기 때문에 소이탈 증후군으로 진단되었다. 그러나 이대로 술을 계속하면 2~3년 후에는 전형적인 진전을 일으킬 것이 분명하다.

이런 증상 등은 포의 『큰 까마귀』라는 시의 정경에 딱 들어맞는다고 생각된다.

포의 『큰 까마귀』는 일설에 의하면 처음에는 까마귀가 아니라 앵무새였다고 한다. 또 후에 포 자신이 『구성의 원리』 가운데서 이 『큰 까마귀』의 창작 과정을 그럴듯하게 설명하고자 시도한다. 포가 파라스의 흉상에 내려앉은 큰 까마귀가 아주 똑똑하게 말을 하는 데에 놀라움을 표현한 것이다. 이는 알코올증으로 마루 기둥이 갑자기 사람의 얼굴로 변해서 말을 걸어오는 등의 환각이 잘 나타나는 점을 고려해볼 때, 포의 시작(詩作) 상의 창작이라기보다는 실제의 체험이었던 것으로 생각하는 편이 자연스러울 것이다.

포는 40세 때 분명한 진전을 일으켜 사망했다. — 수액 기술이나 흥분을 가라앉히는 좋은 진정제가 아직 개발되지 않았던 시대에는 진전으로 사망하는 비율이 높았다. 포는 좀 괴상한 술집에서 만취 끝에 쓰러져 빨리 손을 쓰지 못해서 죽었다 — 이 『큰 까마귀』의 시를 쓴 36세 무렵에는 가장 사랑하는 어린 아내 버지니아의 병세가 악화되어 끝내 그 이듬해에 포덤 코니지에서 고양이를 껴안고 온기를 취해야 하는 궁핍 속에서 사망했던 만큼, 애처가였던 포는 차마 견디기 어려운 아픔과 슬픔에 젖었을 것이다. 이러한 심로(心勞) 때문에 포의 주량이 한층 많아졌던 시기이므로, 폭음을 하고 술이 끊어졌을 때는 큰 까마귀와 같은 몽롱한 요소성(要素性) 환시가 실제로 일어나고 있었을 가능성이 상당히 높았을 것으로 생각된다.

이처럼 일과성 환시에, 사랑하는 버지니아와 사별하게 되는 것이 아닐까 하는 두려움이 첨가되어 이 『큰 까마귀』의 시가 태어난 것이 아니었을까?

포와 어깨를 겨루는 괴기 작가 호프만도 모주가였는데, 이외에도 알코올 중독이었던 것으로 생각되는 작가가 적지 않다.

유진 오닐도 알코올 중독이었다고 한다. 나는 제2차 세계대전 얼마 후의 라디오 시대에 방송극으로 그의 드라마를 들은 적이 있다.

정글 속을 집요하게 뒤쫓아오는 토인들의 으스스한 드럼 소리가 멋진 효과를 내고 있었는데, 지금에 와서 생각해 보면 그것은 유진 오닐이 알코올 환각증에 걸려 있었기 때문에 쓸 수 있었던 박력이 아니었을까 하고 생각된다.

예술가와 마취제

중국 당나라 시대의 주호 시인(酒豪詩人) 이백(李白)처럼, 인류의 역사와 더불어 존재하는 알코올과 문인은 불가분의 관계에 있다. 아편이나 대마초의 해를 잘 몰랐고, 단속하는 법률 따위도 없었던 19세기에는, 문화인들 사이에 아편이나 대마초에 의한 환상을 창작 활동에다 이용하는 일이 유행한 시기가 있었다.

『아편 상습자의 고백』을 쓴 디킨스와 E.보들레르가 마약 문학의 쌍

벽으로 일컬어지고 있지만, 포나 호프만도 아편을 위스키에 타서 마시고 샘솟는 환상을 바탕으로 괴기 소설을 썼다고도 한 다.

신비적인 환상시 『쿠빌라이 칸(汗)』을 쓴 콜리지는 꿈속에서 그 구상을 얻었다고 하는데 실제는 아편 중독에 의한 환각이 아니었을까 하고 엘리스는 지적하고 있다.

또 베를리오즈가 아편을 사용한 경험이 있었는지 어떤지는 분명하지 않지만, 『환상 교향곡』이 실연한 청년 작곡가가 다량의 아편을 흡입하고 치사량에 이르지 못하여 기괴한 꿈을 꾸는 형식을 취하고 있다는 것은 유명한 얘기다.

이같이 19세기 문인들 사이에 유행한 아편도 아편 전쟁으로 손에 넣기 곤란해지자, 이것을 대신하여 대마초가 등장하여 프랑스의 낭만파 시인들 사이에 '대마초 애호 클럽'이 생기게 된다. 그중에서도 괴기 작가 고티에는 친구인 정신과 의사의 권유로 실험대가 되어 대마초 복용 후의 기괴한 체험을 상세히 기술하고 있다.

> 그 방에 들어간 즉, 회원들은 대부분이 다 와 있었다. 박사는 커다란 테이블 곁에 서 있었는데 모두가 착석하자, 숱한 작은 접시에 스푼으로 녹색 잼 같은 것을 조금씩 같은 분량으로 담았다. 큰 그릇에 들었던 잼이 거의 없어졌을 때 "그럼 모두 드세요."하고 박사는 눈을 번쩍이며 말했다. "자 이젠 천국으로 갈 수 있게 될 거요."
>
> 접시에 곁들여진 작은 스푼으로 녹색 잼을 핥다시피 입에 넣자,

이어서 블랙커피가 나왔다. 그러고는 디너 코스이다. 메뉴도 한결같이 별난 것들이었지만, 고기 요리를 먹어치우고 코스가 끝날 무렵에는 사람들의 얼굴에 약기운이 돌기 시작한 듯했다. 나도 아까 먹은 것의 맛이 갑자기 변해진 것을 깨달았다. 물은 최상품 와인 같았고, 고기를 먹으면 딸기 같았고, 딸기를 먹으면 고기처럼 되어 버린다. 이제는 생선인지 커틀릿인지 도무지 분간이 안 된다.

그때 옆 사람을 본즉 눈동자는 부엉이처럼 커지고, 코는 길게 늘어진 데다 입은 큰 항아리처럼 벌어져 있었다. 다른 사람들은 어떠할까? 괴상한 빛깔의 얼굴들을 하고 있다. 그중 한 사람이 별안간 큰소리로 깔깔대기 시작했다. 그런가 하면 다른 한 사람은 의자 뒤로 몸을 젖히고 양손을 축 늘어뜨린 채 멍청한 눈을 하고 있다. 나는 양팔 굽을 테이블 위에 얹고 양손으로 얼굴을 감싸며 열심히 관찰했다.

그런데 갑자기 촛불이 꺼져 가듯이 정신이 가물거리다가 깨어나곤 했다. 동시에 손발이 굉장히 뜨거워지고, 머리는 바위를 부수며 물거품을 튕기는 파도의 간만처럼 뭔가 하얀 것이 밀려오고 덮어씌워져서 휘청거린다. 그때 누가 외친 듯했다. "음악이 시작됐어. 저쪽 방으로 가자!"하고. 그러고 본즉 저편에서 아름다운 하모니가 들려온다.

넓고 호화스런 홀, 목가적인 그림들이 금테가 둘린 벽면에 그려져 있다. 커다란 벽난로, 그 앞에 놓인 커다란 팔걸이의자에 앉았는데, 그때까지 보이던 사람들이 갑자기 사라져 버렸다.

홀은 정적에 잠겨 있었다. 왠지 흐릿한 램프 빛이 몇 군데서 빛을 던져주고 있었는데, 그것이 별안간 새빨간 섬광이 되어 눈을 비추자, 다음 순간 온몸이 빨간빛에 감싸여졌다. 그러고는 홀이 넓어지기 시작하고 가구와 장식물들이 전보다 더 아름다워졌다.

그것은 너무나도 현실과 동떨어져 있었으나, 아무도 없는 데도 비단 옷자락이 스치는 소리, 구두 뒤꿈치가 서로 부딪치는 소리, 속삭이는 소리, 나지막한 웃음소리가 희미하게 들려 왔다.

그때 괴상하게 생긴 사나이가 들어왔다. 매부리코에다 녹색 눈, 커다란 손수건으로 그 눈을 훔치고 있다. 높은 칼라 때문에 양턱이 불거지고, 프록코트를 입은 배가 튀어나왔지만 두 다리는 새 다리처럼 가늘었다. 마치 풀뿌리와도 같았는데, 그 두 개의 풀뿌리가 얽히고 풀어지면서 춤을 추고 있는 듯했다. 그리고 "오늘을 마지막으로, 웃으면서 죽기로 했어요."하고 울기 시작했다. 그러자 "웃어요, …… 웃어…"라는 합창이 들려오면서 그때까지 보이지 않던 많은 사람들의 모습이 나타나 내게 조금 떨어진 곳에서 원을 그리며 신나게 춤을 추기 시작했다.

그러는 동안에 한 사나이가 피아노를 세게 두들기기 시작하자, 그 소리는 내 몸속에서 빨갛고 파란 섬광이 되어 짜릿한 마비를 일으키면서 방출된다. 그 순간순간의 기분은 뭐라 형용조차 할 수 없다. 바로 행복에 찬 느낌이다. 이젠 자기라고 하는 육체를 느낄 수조차 없고, 죽어서 천국에 간 것처럼 덩실덩실 떠돌아다니고 있다. 그러자 그때 벽에 걸린 그림으로 시선이 갔다. 목신(牧神)이 요정을 뒤쫓는 그림이었는데 나는 요정이 되어 있다. 그리고 산양의 다리를 가진 괴물에 쫓기고 있는 것이 무서워서 강기슭의 갈대밭 속으로 숨어들었다.

그리고 다시 도망친다. 위기가 절박한 것 같다. 용기를 내야 한다. 그러나 다리가 돌처럼 굳어져 있다. 보니까 거기는 계단의 내리막 입구로 저 멀리 아래쪽까지 이어져 있다. 그래도 용기를 내어 내려가기 시작했다. 그러자 갑자기 찬바람이 불어닥쳤다. 쳐다본즉 밤하늘에 별이 빛나고 있었다. 어느 틈엔가 호텔의 정원으로 나와 있었다.

—『지식인과 마약』

원문은 이것의 다섯 배나 되며 더 자세하다.

극히 소량을 복용한 것만으로도 활발한 환각을 일으키는 화학 물질이 있는데 이것을 환각제라고 부른다.

정신의학에는 인공적으로 정신병 상태를 만들어 연구하는 분야가 있으며 이를 실험 정신병리학이라고 한다. 최근에 다시 급증하여 신문지상을 떠들썩하게 하고 있는 각성제는 종전 직후에 최초로 유행하여, 증상이 분열증과 비슷한 데서부터 안성맞춤의 정신병 모델로서 연구되었다.

LSD는 이 각성아민 다음으로 좋은 정신병 모델을 제공하는 약제로서 이용된 것이다. 즉 당시 활발하게 개발되고 있던 정신병 치료제가 동물 실험에서, 이 LSD에 대해 어떻게 반응하느냐고 하는 것이 유효성의 하나의 목표가 되었던 것이다. 또 자폐증(自閉症)을 깨뜨리는 수단으로서 자폐증 환자에게 투여되기도 하고, LSD를 복용하면 자유 연상(連想)이 활발해지는 데서부터 정신 요법을 촉진시키는 정신 신전제(精神伸展

劑)로써 활발하게 사용된 시대가 있었다. 그러나 기대했던 만큼의 치료 효과가 없었을 뿐만 아니라 차츰 부작용이 밝혀짐에 따라 사용하지 않게 되었다.

LSD에 의한 체험은 상세히 연구되었는데, 대마초나 메스칼린과 흡사하다. 우선 보고 있는 것들이 다른 세계의 것처럼 현실감이 없어지고, 색채에 대한 지각에 이상이 나타나고, 이어서 광경적(光景的) 환시가 생생하게 나타나서 시간 체험, 공간 체험의 이상과 더불어 출현하며, 자신의 발이 엄청나게 팽창하는 등의 체감 이상이 나타난다.

또 고티에의 체험처럼 처음에는 엑스터시에 넘치는 황홀 체험 즉, 쾌적한 체험이던 것이, 나중에는 불쾌한 체험으로 공포감을 체험하는 일이 많고, 그중에는 공황(恐慌) 상태가 되어 정신병원에 수용되는 사람도 있다.

이같이 LSD의 부작용이 밝혀지게 된 것은 1960년대 초, 티모시 리어리가 하버드대학교 학생들에게 이 약물을 사용한 사건이 계기가 되었다. 이 시기에는 베트남 전쟁에 대한 반전 기운을 타고 삽시간에 환각제를 기호하는 문화가 온 미국의 청년들에게 만연하여, 히피족과 함께 이른바 '드럭 컬처(drug culture)'를 낳게 되었다.

그 결과 환각 작용이 가장 강력한 LSD는 사용을 중지해도 환각이 일어나 공포를 일으키거나, 장기간 사용하는 중에 특유한 인격 저하 상태로 되어 정신병원에 수용되는 사람이 속출하거나 하여 결국 사용이 금지 되었다.

일본에서는 LSD와 대마초 등의 강력 환각제는 사용이 금지되어 있기 때문에 그 부작용을 실제로 경험하지 않고 지낼 수 있어 다행이다. 그러나 전국의 청소년에 만연한 시너도 작용이 약한 환각제로서, 흡음에 의해 도취감과 더불어 여러 가지 상상 환시나 착청(錯聽) 등이 일어난다.

나는 전에 뇌파학회의 시너 심포지엄의 임상면을 담당했었다. 아래의 표는 그때의 조사 결과다. 시너의 흡입에 의해 생생한 색채 환시나 "앞에 있는 빌딩을 쓰러뜨리려고 마음먹으면 정말로 쓰러지게 된다."는 등의 공상 환시가 일어나서 "내게 초능력이 붙었다.", "내 머리는 전자두뇌이고 전화를 발신하고 있다. 그러므로 다른 사람의 행동을 지배할 수 있다."는 등의 만능감과 결부되어 있는 사람이 많았다. 모두가 낙제를 했거나 학교를 중퇴한 고교생들인데, 환각은 그들의 열등감을 보상하는 내용들이었다.

실로시빈이나 메스칼린도 LSD와 거의 같은 환각 작용을 나타내는데, 이들 환각제도 본래는 경험을 통해서 알게 된 민족에 의해 고대로부

증상	환시	색채 환시	착시	공상 환시	환청	착청
인원수	8	14	10	7	6	3
증상	이인감	몽환 체험	몽롱 상태	착란상태	결신	대취
인원수	14	11	4	3	2	17

시너에 의한 정신 증상(급성기)

터 종교적 의식에 사용되고 있었다. 대마초는 3,000년 전부터 이슬람교에서 사용되었고, 멕시코 인디언이 종교 의식에 사용한 독버섯으로부터 추출된 것이 실로시빈과 실로신이며 페요테라는 선인장 끝부분을 말린 것의 유효 성분이 바로 메스칼린이라는 것이 밝혀졌다.

그러나 인류와 더불어 존재했다는 알코올만큼 널리 쓰인 환각제는 없을 것이다. 어떠한 원시 부족도 독자적인 알코올음료를 갖고 있었다고 한다.

본시 알코올도 또 부족의 신성한 제삿날에만 신과 일체가 되기 위한 매체로서 마실 수 있게 허용되는 종교 의식의 약품이었다. 일본에서도 처음에는 제사를 관장하는 왕족만이 마셨던 것이 차츰 사용 범위가 넓어져서 제삿날과 보통날의 구별이 없어짐에 따라, 마침내 나라(奈良) 시대에는 서민의 일상 음료가 되어버렸다.

전후에 약물을 즐기고 좋아하는 버릇이 된 주제(主劑)는 작용이 약한 알코올로부터 강력한 환각 작용을 지닌 사이키델릭 드럭(Psychedelic drug)으로 옮겨와 있다.

현대의 청소년들은 왜 환각 세계로 도피하려 할까?

인간은 사회생활을 유지하기 위해 본능이나 욕망을 규율이나 계율, 도덕 등에 의해 억제하는 일을 배우지 않으면 안 된다. 그러나 지나치게 규율로 속박되면 인간의 정신은 질식할 것처럼 되어 어디든 본능을 폭발시킬 장소를 찾게 된다.

제사나 축제는 이 본능의 발산 장소이다. 고대의 시가에도 있듯이 옛날 축제는 유부녀도 처녀도 거기에 모인 남자들과 그때에만 성(性)의 향연이 허용되는 공인된 장소였다. 즉, 축제란 신의 이름으로 1년에 한 번 본능의 해방이 허용되는 날이었던 것이다.

그러나 현대에서 축제는 이미 껍데기만 남고, 형식화되었다. 관리 사회에 얽매인 청소년들은 환각제라고 하는 손쉬운 수단으로 스스로의 '축제'에 빠져드는 것이다.

규율이 엄해지면 엄해질수록, 인간은 뭔가 다른 힘을 빌려 환상의 세계로 도피하려 한다. 이것은 빈곤에 시달리며 숨이 막힐 듯한 그리스도교의 계율에 얽매인 중세 유럽에서, 마녀들의 밤의 향연이 수행한 역할을 생각해 보더라도 알 수 있는 일이다.

사바도의 야연(夜宴)

하르츠의 험난한 산속, 파우스트와 메피스토가 캄캄한 산길을 올라간다.

메피스토 : "작대기가 필요하지 않을까요. 나도 늠름한 숫양이 되고 싶군. 이렇게 어두워서야 위험하기 짝이 없는걸. 그렇지, 저기 있는 도깨비불에게 안내를 부탁해야지!"

파우스트와 메피스토, 도깨비불이 번갈아 노래한다.

"우리는 꿈과 생시의 마경에

들어선 거라고 생각되나니

잘 인도하여 명예로 삼으라.

우리는 얼마 안 가서

넓디넓은 황야에 닿을 것인즉."

-『벌프스기스의 밤』에서

『파우스트』에 나오는 『벌프스기스의 밤』도 프랑스에서는 『사바도의 야연』이라고 불린다.

베를리오즈의 『환상교향곡』의 가장 뛰어난 부분이 최종 악장인 『사바도의 밤꿈』에 있다는 것에 이론을 제기할 사람은 적을 것이다.

곡은 야연에 모이는 요괴 할멈, 악령들의 으스스한 속삭임과 삐걱거리는 듯한 신음소리 등의 술렁임으로 시작된다. 이윽고 일동의 환호성을 받으며 등장하는 신분을 감추고 참석한 귀부인, 천하고 음란한 악마 론드, 여기에 대항하여 교회의 종소리에 맞춰 '분노의 날' 멜로디가 울려퍼진다. 그리고 야연은 최고조에 이르고 모든 악기의 포효 속에 단숨에 종국으로 돌입한다.

이같이 그리스도 교권(教圈)의 예술 작품에 제재로서 많이 채택되는 악마의 야연이란 도대체 어떤 것이었을까?

잔 파루(잔 파루 지음, 『요술』)에 의하면, 야연이란 요술쟁이가 개최하는 악마적 미사를 말하며 대충 다음과 같은 것이다.

야연은 헤카테(그리스 신화의 밤의 여신)가 지배하는 달의 수요일과 금요일 밤을 골라서 열린다. 그날 밤이 되면 여자 요술쟁이들은 서둘러 빗자루를 꺼내어 와서는 난로 앞에서 알몸뚱이가 되어 온몸에 향유를 바

벌프스기스의 야연

른다. 그리고 공들여 조제한 벨라돈나(가짓과의 여러해살이풀, 진통제의 원료로 사용됨. 역자 주)를 포함한 마약을 먹고 빗자루에 올라탄다. 빗자루는 그녀들을 싣고 마녀의 출입구인 오두막집 굴뚝으로부터 하늘 높이 날아올라 야연 장소를 향해 날아간다.

야연은 금단의 마의 산 또는 이교(異敎)의 폐허 등에서 열린다. 추방되었을 터인 사티로스, 포누와 판이 소악마와 정령(精靈)으로 모습을 바꾸고, 악마가 야연의 사회를 본다. 어두운 집회장에는 각계각층의 사람들이 참석한 것 같으며, 평소에는 얼굴조차 볼 수 없는 영주와 가면을 쓴 귀부인들도 참가하고 있다. 비위를 거스르게 하는 일은 악마들도 이런 특권 계급에게는 함부로 아부를 한다는 점이다.

어느 틈엔가 중앙에 제단이 차려져 있다. 악마가 제단에 올라가서 미사를 거꾸로 읊조린다. 의식은 교회와 정반대의 방법으로 진행된다. 일동은 악마에게 맹세를 하고 평소에 품고 있는 사악한 마음을 털어놓는다. 고맙게도 악마인 사제(司祭)는 가장 나쁜 인간에게는 상을 주고 착한 사람에게는 벌을 준다.

무엇인지도 모르는 고기와 괴상한 요리가 나오지만 그런 것에는 악마를 떨쳐 낸다고 하는 소금기라곤 없다. 그리고는 모두 일어서면 악마들의 윤무(輪舞)가 시작된다. 춤을 추고 있는 동안에 몸과 몸이 얽혀진다. 품행이 난잡하다는 정도의 짓이 아니라 평소에 억압되었던 음란이 한꺼번에 터져 나와 모두가 짐승처럼 서로 엉킨다.

이윽고 첫닭이 소리높이 아침을 알리면 야연은 순식간에 사라져 버린다. 불쌍한 마녀들은 힘없이 빗자루를 아궁이 속에 챙겨 넣고, 추위에 떨면서 해진 담요에 몸을 감싸고 딱딱한 침대에 드러눕는다.

여자 요술쟁이들이 공들여 조제한 벨라돈나는 현재도 소화기 계통의 진통제로 사용되는 약품으로, 주성분은 아트로핀과 히오스티아민이라 불리는 물질이다. 아트로핀은 대량으로 사용하면 의식 혼탁에 의한 환각을 일으키기 때문에 고대 이집트인은 최면제로 사용했다고 한다.

약이라면 무엇이든지 시험해 보는 10대 소년 소녀들 사이에서 한때 홍차에 안약을 섞어 먹는 '안약 놀이'가 유행한 일이 있는데, 이것은 안약의 주성분인 아트로핀의 환각 작용을 악용한 것이다.

야연이란 중세 그리스도교의 계율에 얽매어 매일 힘겨운 노동과 빈곤에 시달리고 있던 농촌의 과부들이 벨라돈나의 힘을 빌려 엿보는, 평소 억압된 성욕에 대한 해방의 환상이었다.

그러나 벨라돈나로는 환각을 얻는 양을 조제하기 어렵기 때문에, 온몸에 향유를 바르고 빗자루에 걸터앉아 — 흡사 오나니의 자세를 상상하게 한다 — 야연의 환상에 잠기기 위한 일련의 의식을 행한 것이다.

이 비상몽(飛翔夢)이라고 하는 것은 정신분석 분야에서 성몽(性夢)의 대표적인 것으로 치고 있다. 중국 당대의 『광이기(廣異記)』에도 남편이 집을 비운 사이에 아낙과 식모가 대빗자루를 타고 수백 리 떨어진 깊은 산꼭대기로 날아가, 흑조(黑鳥)의 화신과 어울리고 온다는 얘기가 실려 있는 것으로 보아, 인간의 성이란 동서양을 가리지 않는 것인 듯하다.

예술이나 환상으로서 뿐만 아니라 이 유혹적인 야연을 실제로 행한 기록도 많이 있다. 숲속에서 은밀하게 이루어지는 검은 미사는, 현직 신부의 사제에 의해 행해지는 교회의 미사와는 정반대의 순서로 음란하게 이루어진다. 제단에는 악마에게 바치는 제물로서 귀부인의 하얀 알몸이 바쳐지고, 이때 흥분한 사제가 여러 사람이 지켜보는 앞에서 여인을 범한다고 한다. 로마노프 왕조 말기에 왕후를 비롯한 궁정의 귀부인들을 휩쓸어 들인 괴승 라스푸틴의 숲속의 야연이 역사상 가장 유명한데, 여배우 샤론 테이트 등을 살해한 사건의 찰스 맨슨도 여기에 필적하는 현대판 검은 미사의 사제라 할 수 있다.

이같이 야연이 그리스도 교권에서 중세부터 현대까지 되풀이되고 있는 것은, 그것이 금욕적인 그리스도교의 계율에 굴복하기 이전의 갈리아인들 본래의 자유분방한 생활로의 회귀이기 때문이다. 수렵 민족이었던 그들의 조상은 밤이 되면 그날의 수확물을 들고 와서 울창한 너도밤나무와 떡갈나무 밑의 모닥불을 둘러싸고 머루술에 취해서는 터놓고 성을 향락하는 잔치판을 벌이고 있었던 것이다.

그리스도교의 압제 아래서 그들의 신들은 모조리 요사스런 신이라 하여 추방되었다. 그러나 숲속의 야연 때만은 사티로스도, 바커스도, 판도, 님프도 모습을 나타내어 그들과 더불어 본능의 해방을 즐겼다.

현대에서의 마약 문화의 메커니즘도 이것과 전혀 다를 바가 없다.

다만 야연에 참가하기 위한 매체가 중세의 여자 요술쟁이들이 고심해서 조제한 효과가 불확실한 벨라돈나나 향유, 빗자루가 아니라, 현대는 마리화나와 시너처럼 손쉽게 구할 수 있는 것이기 때문에, 학실히게 누구든지 어디서나 몽환 상태로 빠져들 수가 있다. 그러므로 돈이 있는 젊은이들은 과잉보호의 부모들이 마련해 준 맨션 공부방에 친구들을 모아놓고 마리화나 담배를 피우고, 돈이 없는 아이들은 몇 푼짜리 본드를 사서 으슥한 곳을 찾아 불순한 교제에 탐닉하거나 가혹한 입시 전쟁으로부터 환각 세계로 일시적인 도피를 꾀하게 되는 것이다.

사회적 지위가 있는 부유한 성인들도 비싼 치료비를 치러 가면서 교외의 전세 호화 호텔에서 이 야연에 참가하는 것은, 최근의 섹스 카운슬러를 표방하는 괴상한 일부 그룹 치료 업자들에 대한 풍자로서 알랭 들롱이 영화 속에서 연출해 보였다. 여기서는 정신 요법이라는 미명 아래 정신과 의사가 악마의 야연의 사제로 등장한다.

윌리엄 윌슨 — 자기 모습의 환시 —

도대체 양심이란?

나의 갈 길을 가로막는

공포의 그림자

양심이란?

— 『윌리엄 윌슨』 머리말에서

이중신(二重身)이란 마치 거울에 비쳐 놓은 듯이 또 하나의 자기의 모습이 뚜렷이 눈앞에 보이는 현상이다.

이 현상은 예로부터 알려져 있어, 일본에서는 '그림자병'이라 하여 죽음의 조짐으로 여겨졌었다. 육조(六朝) 시대의 『수신후기(搜神後記)』에, 침실에 자기보다 먼저 들어가 누워있는 자신의 모습을 본 사나이가 얼마 후에 죽는 얘기가 나와 있다. 일본의 얘기도 아마 여기에서 비롯된 것이 아닌가 생각된다.

서구에서는 이미 아리스토텔레스가 이 현상을 기록한 일이 있다고 하며, 괴테는 연인 프리데리케와 이별을 고하고 돌아오는 길에, 맞은편에서 말을 타고 다가오는 자신의 모습을 보았다는 체험으로 유명하다.

문예 작품상에 등장하는 것으로는 드뮈세, 샤미소, 고티에, 모파상, 도스토옙스키, 호프만, 와일드 등을 들 수 있다. 그러나 가장 유명한 것은 포의 자서전적 소설로 일컬어지는 『윌리엄 윌슨』일 것이다.

분신은 주인공이 언제나 배덕 행위를 저지르려고 할 때 나타나서 훼방을 놓는다. 화가 난 주인공이 마침내 분신을 찔러 죽인 순간, 자기도 죽는다고 하는 으스스한 얘기로서 『그림자를 죽인 사나이』란 제목으로 영화화되어 있다.

정신의학에서는 이중신은 자기상(自己像) 환시와 거의 동의어로 취급되고 있고 『지킬 박사와 하이드 씨』, 『이브의 세 가지 얼굴』과 같은 다중인격과는 구별된다. 어쨌든 극히 드문 현상으로서, 나는 한 사례를 경험했는데, 평생에 이와 같은 증상을 경험하는 임상의는 극히 드물다.

그러나 작품에서 이중신이 등장하는 것과 실제로 그 작가에게 이중신의 경험이 있다는 것은 별개로, 작품상으로 그것을 단정한다는 것은 매우 곤란한 일이다. 자기상 환시는 분열증의 자아 장애에서도 볼 수 있

윌리엄 윌슨의 이중신(클라크 그림)

고 조울증의 이인증(離人症)이 심해져서 일어나기도 한다.

분열증성의 소설로는 프랑스의 모파상의 『오루라』, 일본의 아쿠타가와(芥川龍之介)의 『두 통의 편지』가 있고, 조울증성의 작품으로는 『시와 진실』에 나오는 괴테의 체험 등이 있다. 또 대뇌피질의 신체 감각 중추의 자극에 의해서 일어나는 간질성으로서 도스토옙스키의 『이중인격』이 있다. 호프만이나 와일드의 작품은 히스테리 성격과 알코올, 아편 등에 의한 상승작용으로 설명할 수 있을지도 모른다.

일본의 아쿠타가와는 이중신에 적잖은 관심이 있었는데, 어느 석상에서 자기도 이중신의 경험이 있었노라고 표명했다지만 의문시되고 있다. 이즈미 교카(泉鏡花)라는 일본 작가에게는 실제로 체험이 있었던 것이 확실하다고 강조하는 사람도 있지만, 그는 유명한 번안가였으므로 사실 여부는 본인만이 아는 일이다.

흔히 천재와 광인은 종이 한 장 차이라고 하듯이 어떤 작가의 작품과 그의 광기와의 연관성을 논하는 학문이 있는데, 이것을 병적학(病跡學:pathography)이라고 한다.

병적학의 시조는 괴테에게 약 7년의 주기로 창작 활동의 고양기(高揚期)가 있다는 것을 입증한 뫼비우스이다. 그 후 천재와 변질(變質)과의 관계를 논한 랑에-아이히바움을 거쳐 크레치머가 『천재의 심리학』에서 천재를 분열 기질, 순환 기질, 간질 기질의 각 그룹으로 분류함으로써 병적학이 겨우 일반과 친근하게 되었다. 일본에서는 오히려 전후에 발전한 분야로서 1960년대부터는 많은 저작이 발표되기에 이르렀다. 병적학이란 작품 속에 잠겨 있는 광기를 정신병의 조짐으로서 냉철하게 파헤쳐 내는 것이 아니라, 어디까지나 작품에 대한 깊은 이해, 감정 도입을 꾀하는 하나의 수단으로서 정신의학의 지식을 구사하는 것이다. 말하자면 문학 감상의 한 가지 방법이라고 말할 수 있다. 한이나 포를 거론하는 것도 필자가 그 작품에 끌리는 이유를 분석하고 싶었기 때문이다.

그런데 포에게 실제로 이중신의 경험이 있었느냐고 한다면 필자는 없었던 것이 아닌가 하고 생각한다. 그렇다면 윌슨 앞에 나타났던 분신의 정체는 무엇이었을까?

그것을 해명하기 위해서는 포의 성장 과정까지 알아보지 않으면 안 된다.

포는 시골을 떠돌아다니는 배우를 양친으로 하여 태어났는데, 그가 세 살 때 생모가 가난에 찌든 나머지 시골의 어느 공연지에서 폐렴에 걸려 죽었다. 생부는 그 전에 이미 어디론가 증발하고 없었다.

가련한 고아 포는 다행히도 유복한 상인 존 앨런의 양자로 들어갔다. 포는 양모 프랜시스의 극진한 사랑을 받으며 자라나, 양부가 런던에 지점을 내면서 영국으로 건너가 런던 교외의 명문교인 마노아 하우스 스쿨에서 교육을 받았다. 이 학교에 관해서는 소설 가운데서 생생하게 묘사되어 있다.

양부도 처음에는 영리한 포를 자기의 후계자로 기대하고 있었던 것 같다. 그러나 성장하여 버지니아대학의 기숙사에 들어간 무렵부터 포의 방탕과 음주, 문학으로 쏠리는 성향이 차츰 부자간에 어두운 그림자를 드리우게 된다. 놀음과 음주로 지새우는 배덕의 나날의 현실은, 소설에서의 능란한 카드 솜씨처럼은 되지 않았던 것 같다. 노름에서 큰 빚을 진 포는 마침내 가출하여 지원병이 되었다.

포는 웨스트포인트에 입학하여 양부의 노여움을 풀려고 계획했다. 하지만 이 무렵부터 문학에 강하게 이끌렸고, 옛 기질의 양부와 포 사이를 중재하던 양모의 사망을 계기로 양부와는 단절을 하게 되었다.

후에 포가 위독 상태의 양부를 문병한 즉, 격노한 양부는 병상에서 일어나 지팡이를 휘두르며 포를 쫓아내었다. 포가 은근히 기대했던 양부의 유언장에는 포에 대한 재산 분배는 단 한 푼도 없었다.

포가 그토록 양부의 유산에 집착했던 것은 당시 경제적으로 몹시 곤궁했던 탓도 있었겠지만, 유산의 상속으로 자신에 대한 애정을 확인하고 싶었기 때문일 것이다. 포는 그의 연애 편력에서도 분명하듯이 애정에 대한 욕구가 강한 사람이었다. 포는 여러 번에 걸쳐 양부의 기대를 저버리면서도, 마음속으로는 양부가 사실은 자기를 용서해 주지 않을까 하는 일말의 기대를 품고 있었다. 그러나 철두철미한 장사꾼 기질의 양부는 포가 자기의 기대에 부응하고 있는 동안은 원조를 해 주었지만, 그 기대를 저버리고부터는 아예 포기하고 단념한지 오래였다. 피가 섞이지 않은 데서 오는 비애라고나 할까.

낯선 사람에게 거두어져서 아무런 제약 없이 자유롭게 양육되어 대학 교육까지 받은 고아가 양부에게 품는 감정은 무엇일까?

그것은 절대적인 은혜, 바로 그것이다.

포가 양부의 기대에 부응하려고 실업가의 길을 걷고자 노력한 흔적도 엿볼 수 있다. 그러나 대학에 입학한 무렵부터 한번쯤은 젊은이를 사로잡는 방탕과, 결국 목숨을 잃게 만드는 알코올을 좋아하는 버릇이 시작되었다. 그러한 탐닉으로부터 제정신을 찾은 포를 괴롭힌 것은 양부의 기대에 부응할 수 없는 자책감이었다. 일단은 웨스트포인트에 입학함으로써 양부의 기대와 타협점을 찾으려던 그는, 이 무렵부터 차츰 자기에게 흐르고 있는 예술가로서의 피를 깨닫기 시작한다. 포의 필사적인 설득에도 불구하고 양부는 문학가 따위는 착실한 직업으로 인정하지 않는 타입이었다. 포는 문학의 길을 걸어가면서도 마음속으로는 끊임없이 양부의 기대를 저버린 자책감에 시달리고 있었다.

고아로서 양부에 보답하는 유일한 길은 양부가 기대하는 자식이 되는 일일 것이다. 포가 그 길로부터 빗나가 끝내는 양부가 허락하지 않는 문학에의 길로 나아갈 결심을 굳혔을 때, 그 양심의 가책은 우리가 상상도 못할 만한 것이었으리라.

즉 배덕(背德)의 윌슨 앞에 나타난 것은, 공교롭게도 포 자신이 『윌리엄 윌슨』의 첫머리에서 썼듯이 자신의 양심의 그림자였다.

필자가 『윌리엄 윌슨』에서 언제나 상기되는 증상 예가 있다.

1년 가까이 카운슬링을 계속하는 동안 정신병의 의심이 있으니 한번 체크해 달라는 부탁과 함께 임상심리학 교수로부터 소개를 받아 온 학생이 있었다. 만나 본즉 이따금 갑자기 얘기가 중단되거나 이인증 특유의 멍한 상태로 있었기 때문에 진단적 면접을 계속하기로 했다.

몇 번에 걸친 면접이 있고 나서 그 학생은 중대한 증상을 고백했다. 초등학교 6학년 때부터 그는 뒤에서 자기를 감시하는 누군가의 눈길을 의식하기 시작했다는 것이다. 이 '뒤로부터'라고 하는 것이 수상쩍은 일인데, 배후에서 감시를 당하고 있다는 호소는 경험적으로 보아 분열증 성인 경우가 많기 때문이다.

자세히 들어보니, 그 배후의 눈길을 처음으로 의식한 것은 다음과 같은 상황이었다고 한다.

그는 한밤중에 혼자 이층 공부방의 책상 앞에 앉아 있었다. 그의 집 앞에는 작은 숲이 있었고, 주위의 전등불도 모두 꺼져 있었기 때문에, 눈앞의 창밖에는 캄캄한 밤의 어둠이 조용히 깔려 있었고, 책상 앞에 앉아 있는 그의 모습은 거대한 거울처럼 된 창문에 선명하게 비쳤다. 그는 그때 갑자기 자기를 뒤에서부터 가만히 들여다보고 있는 눈을 의식했다.

즉, 그는 정확히 정면의 유리에 비친 자기 모습 뒤에 펼쳐진 어둠 속에 숨어있는 누군가의 눈에 겁을 먹었던 것이다. 이러한 체험 등은 자기 상 환시와 매우 유사한 성질로 여겨진다.

생활사(生活史)를 더듬어 간즉, 마음이 약한 그의 부친은 그가 초등학교 4학년 때부터 중학교 3학년이 되기까지, 원인 불명의 증발을 했고, 그동안 모친은 무척 고생을 했었다. 장남이었던 그는 어린 나이에도 이제부터는 자기가 아버지를 대신해야 하겠다고 크게 결심하여, 힘껏 노력해서 결코 후회하지 않을 나날을 보내겠노라고 자기의 신조를 책받침에까지 적어두고 맹렬히 공부했다.

그 '배후로부터 자기를 응시하는 눈'은 중학교 진학으로 그의 긴장이 최고조에 달했던 6학년 2학기에 나타났던 것이다.

바로 '윌리엄 윌슨'이다, 하고 필자는 무의식적으로 중얼거리고 있었다. 그는 영문을 몰라 미심쩍은 눈으로 필자를 쳐다보고 있었다.

그 앞쪽에 펼쳐지는 어둠 속으로부터 창문에 비쳐진 그를 감시하고 있었던 것은, 나이 어린 그의 자아(自我)가 견뎌 내기에는 지나치게 비대해진 바로 그 자신의 양심(super ego)이었다.

괴테의 이중신도 역시 양심과의 갈등에 의한 것이라고 생각된다. 괴테는 당시 법률 수업을 계속하기 위해 사랑하는 애인을 단념할 것인지로 고민하고 있었다. 애인 프리데리케에게 이별을 고하고 돌아오는 길에 나타나는 쇠침한 8년 후의 자신의 모습은, 양심이 괴테에게 애인을 배반한 자신의 미래를 시사하는 것이었다.

이 애인을 버렸다고 하는 마음의 고통은 오랫동안 그의 가슴에 남아 되풀이되어 그 후의 작품에 모티브로서 나타나, 마침내 『파우스트』의 마르가리테가 되어 결실한다.

3. 객지와 정신 변조
여행의 공포

목숨을 건 옛날 여행

정상인이라도 낯선 땅으로 혼자 여행을 떠나면 피해감에 빠져 들기 쉽다. 일본에서 전해오는 숱한 괴담 가운데서도 숙박한 길손을 죽이고 금품을 빼앗았다고 하는 『아다치케하라의 여귀신』이라는 얘기는 묘한 현실감이 깃들여진 공포를 준다.

필자의 소년 시절은 전쟁 중이어서 숙박도 부자유했다. 혼자서 수상쩍은 여인숙에 묵어야 하는 일도 있었는데, 한밤중에 수상한 소리라도 들리면, 모든 것이 잠든 고요한 밤중에 식칼을 갈고 있는 노파 얘기가 생각나서 밤을 지새운 일도 있다. 그래서 이런 종류의 얘기는 어린 마음에 배어들어 있다.

일본의 요곡(謠曲:우리나라의 판소리와 비슷한 것)『구로쓰카(黑塚)』에 등장하는 여귀신은 늘그막에도 여전히 요염한 자태를 지닌 미녀이고, 길손 일행은 스님 등 세 사람이다. 하지만 공주의 약으로 하려고 사람의 생간을 도려내고 있는 동안에 식인(食人)에 맛을 들였다고 하는 노파처럼, 대개는 으스스한 노파가 혼자서 다니는 나그네를 죽이는 얘기로 되어 있다. 에도 아사쿠사(江戶殘草)의 '우바케 못'의 전설에서는, 나그네에게 돌베개를 배게 하여 머리를 쳐 죽이는 얘기도 있다. 또 자기 딸을 길손에게 수청들게 하여 넋을 빼놓고 참살하는 모녀 콤비도 있다. 연약한 여자의 힘으로 굳센 남자를 죽여야 하므로, 이 같은 연구도 필요했을 것이다. 미녀를 미끼로 꾀어 들인 주종을 미리 천장에 장치해 둔 도구와 독주로써 몰살시켜 버리는 얘기가 『우지 슈이(宇治拾遺) 이야기』라는 책에 나오는데, 이런 것도 짐작컨대 헤이안(平安)(794~1192년경) 시대의 실화일 것이다. 일본 도호쿠(東北) 지방의 민화에서는 꼬마 중을 잡아먹으려다 실패하는 산속의 늙은 할멈, 또는 산속의 늙은 할멈과 소몰이꾼의 얘기로 되어 있다.

어쨌든 도깨비도 살지 않는 깊은 산속의 외딴집에 여자가 혼자 살고 있다는 것부터가 마귀할멈을 연상하게 하는 으스스한 얘기지만, 산채의 여주인이 할멈이 아닌 젊은 미인인 것이 도리어 으스스한 느낌을 더하게 한다.

또 『가지카자와』라는 제목의 민담에 나오는 오쿠마라는 여주인공은 창녀 출신의 요염한 미녀로, 이 미녀가 죽은 남편의 총을 한 손에 들고, 험한 얼굴로 마취제에서 채 깨어나지 못한 길손을 몰아대는 처절한 광경은 『구로쓰카』의 여귀신과는 색다른 박력이 있다.

인적이 드물고 치안이 나빴던 옛날에는 사람이 사람을 만나는 그 자체가 공포의 체험이며, 여행을 떠난다는 것은 어떤 위험에 부닥칠지도 모르는 일이었다. 특히 인적 하나 없는 산속의 외딴집에서는 방을 제공하는 주인도, 잠자리를 찾는 나그네도 목숨을 걸어야 하는 큰 모험이었다. 나그네가 죽임을 당하는 일도 있었을 것이고, 반대로 자칫 악한에게 잠자리를 제공했다가 도리어 정조는 고사하고 일가 참살을 당하는 비운을 맞는 얘기도 적지 않다.

각국의 민화에, 나그네가 집주인으로부터 해를 입는 얘기가 많이 남아 있는 것은 치안 상태가 나빴던 당시의 사실담을 반영한 것이리라.

중국의 예를 보더라도 한밤중에 몰래 난로 재 위에 씨앗을 뿌려, 거기서 하룻밤 사이에 수확한 것으로 떡을 만들어 나그네에게 먹여서 당나귀로 바꿔놓는 당나라 시대의 『판교점의 세 낭자(板橋店之 三娘子)』 얘기가 있다. 또한 나그네에게 독주를 먹여 금품을 빼앗고 살은 다져서 고기만두를 빚어 가게에 내어놓고 파는 극악무도한 주막집 주인의 얘기가 『수호전(水滸傳)』에 나온다. 아마도 그런 얘기는 난마처럼 어지러웠다고 하는 북송(北宋) 말기에 흔히 있는 일이었을는지 모른다.

그러나 그것이 나그네의 피해망상에 지나지 않았다는 것을 짐작케 하는 얘기도 있다. 밤중에 여인숙집 사람들이 모여앉아 나지막한 목소리로 "죽여 버릴까, 비틀어 놓기만 할까?"하고 쑤군거리는 소리를 듣고, 밤새 한잠도 못자고 지새운 나그네가 아침이 되어 알고 보니 지난밤의 얘기가, 자기를 해치려는 얘기가 아니고 닭요리를 상의하던 가족 회의였더라는 우스갯소리도 있다.

해외여행과 정신 변조

여행에 익숙해서 두려움을 모르는 전후의 젊은이들은 예외로 치더라도, 오늘날에도 중년 이상의 사람이 해외여행에 나서게 되면 무척이나 신경을 쓰게 된다. 돈을 나누어 허리에 차거나, 가져갈 짐을 챙기느라고 몇 번이나 확인을 하며 떠나기 전에 벌써 지쳐 버린다.

정상인이라도 그런 만큼, 우리의 치료 경험에서도 분명히 여행이 발병의 원인이 되었다고 생각되는 사례가 의외로 많이 있다.

얼마 전에도 기억상실증이 되어 유럽에서 송환되어 온 젊은 여성의 기사가 신문에 실렸다. 필자가 대학병원에 근무하고 있을 때 치료를 담당했던 어느 상사의 중동 주재원이 있었다. 그가 작열하는 사막의 작은 도시에서 단신으로 2년 동안이나 버티다가 겨우 귀국길에 오르게 되었을 때, 그때까지의 긴장이 한꺼번에 풀린 탓인지, 비행기 안에서 "어떤 나라의 에이전트가 나를 노리고 있다."는 피해망상에 사로잡혀 소동을 일으켰다. 결국 귀국하여 입원을 했는데 몇 달이 지나도 좀처럼 피해의식이 사라지지 않았다.

이 환자의 부하 직원 내외가 우연히 나와 아는 사이여서, 전임자들이 모두 심신증(心身症)에 걸렸다는 사내 정보를 알려주면서, "저도 언제 차례가 돌아올지 전전긍긍하고 있습니다."라는 말을 했다. 2년 후에 그 내외가 현지로 부임했다. 그는 무사히 귀국할 수가 있었지만, 부인은 무고한 도난 사건에 말려들어 엉성한 현지 경찰에 체포될 뻔 했다가 간신히 빠져 나왔다고 한다. "아무튼 손을 자르는 형벌이 있잖아요. 정말로 무서웠어요."하고 만나는 사람마다 그때의 모험담을 얘기하곤 했던 그녀였지만, 속으로는 굉장한 쇼크를 받았던지 귀국 후 얼마 안 되어 정신 변조를 일으켜 입원한 뒤, 낫지 않은 채 끝내 사망했다. 외국의 임지에서 근무해야 하는 대기업의 냉엄한 근무 체제에는 참으로 동정을 금할 길이 없다.

또 여행지에서 병이 나서 스스로 자기 머리를 빡빡 깎아버려 강제 입원을 당했던 젊은 자위대 간부의 부인이 있었다. 환자는 남편의 임지인 O시로 면회를 갔었는데, 출발지에서 승차할 무렵부터 왠지 주위의 분위기가 이상하게 느껴졌다. 또 검은 안경을 낀 사나이가 같은 칸에 올라타서는, 역마다 올라타는 동료들과 끊임없이 신호를 주고받는 것처럼 느껴졌다. 완전히 포위를 당했다고 착각한 환자는 기회를 노려 정차 중인 열차로부터 뛰쳐나와, 역 화장실로 뛰어들어 안에서 문을 잠갔다. 그리고 정조를 지키기 위해 남장을 하려고, 가지고 있던 작은 가위로 머리카락을 잘랐다가 역원에게 발견되어 보호를 받았다.

산속에 사는 노파의 공포

낯선 고장에서 친절하게 접근하는 사람이 있으면 일단은 도둑으로 의심하고 살그머니 허리춤의 지갑을 확인하는 것이 전쟁 전에 교육을 받은 평균적인 일본인의 상식이다. 그래서 피해감이 강한 사람이 여행지에서 망상 반응을 일으키는 것은 별로 이상할 것이 없다.

특히 낯선 여인숙에 혼자 투숙하여 막 잠들려는 순간에는 긴장이 절정에 이른다. 자기를 노리는 적의 사소한 소리에도 반응하여 벌떡 일어났다고 하는 옛날 무사와는 달리, 보통 사람은 일단 잠이 들면 자기를 보호할 수 있는 방법이 없다. 이 같은 불안과 긴장이 최대에 달하는 수면 직전에, 문득 귓전에 들려오는 소리는 '싹싹'하고 식칼을 가는 소리거나,

뭔가 수군대는 사람 소리거나 하는 일이 있다.

　이럴 때의 불안한 감정은 정신병 환자의 '당장에라도 어떤 불길한 일이 일어날 것만 같은 망상'에 매우 가깝다고 할 수 있다.

　밤이 먹고 싶어 스님의 충고도 듣지 않고 마귀할멈 집으로 간 꼬마 중이 "과연 스님이 말씀하신 마귀할멈이 아닐까?"하는 의심이 일자, 무심한 빗방울마저

　"꼬마 중놈 위험하다. 뚝뚝뚝…

　꼬마 중놈 위험하다. 뚝뚝뚝…"

　하고 들려오는 것이다.

　불안에 견디다 못한 꼬마 중이 문틈으로 살짝 들여다본즉, 화장을 고치고 있는 할멈의 얼굴이 어슴푸레한 등잔불빛 그림자에 비쳐지고, 차츰 으스스하게 보이기 시작하더니, 마침내 입이 귀밑까지 쭉 찢어진 마귀할멈의 얼굴로 변해서 — 아마도 공포에 질린 꼬마 중의 정동(情動)에 의한 착각이었겠지만 — 정신없이 도망친다.

　'썩썩'하고 한밤중에 식칼을 갈고 있는 것도 사실은 새벽에 일찍 길을 떠날 나그네를 위해 밤부터 아침 식사를 마련하고 있었던 것인지도 모른다. 뒤쫓아 오는 것도 오해를 풀기 위해서거나 숙박비의 계산, 잊어버리고 온 물건들을 챙겨다 주려는 등의 이유 때문이었을 것이다.

　어쨌든 일단 공포에 몰린 사람에게는 그런 이성이 작용할 여지가 없고, 그저 '걸음아, 날 살려라!'하고 도망쳐서는 나중에 악몽과 같은 괴기담을 남기게 된다.

즉, 『아다치케하라의 여귀신』으로 대표되는 괴담의 절반은 사실이고, 절반은 나그네의 피해망상과 잠들려 할 때의 환각의 산물이다.

식칼을 가는 마귀할멈

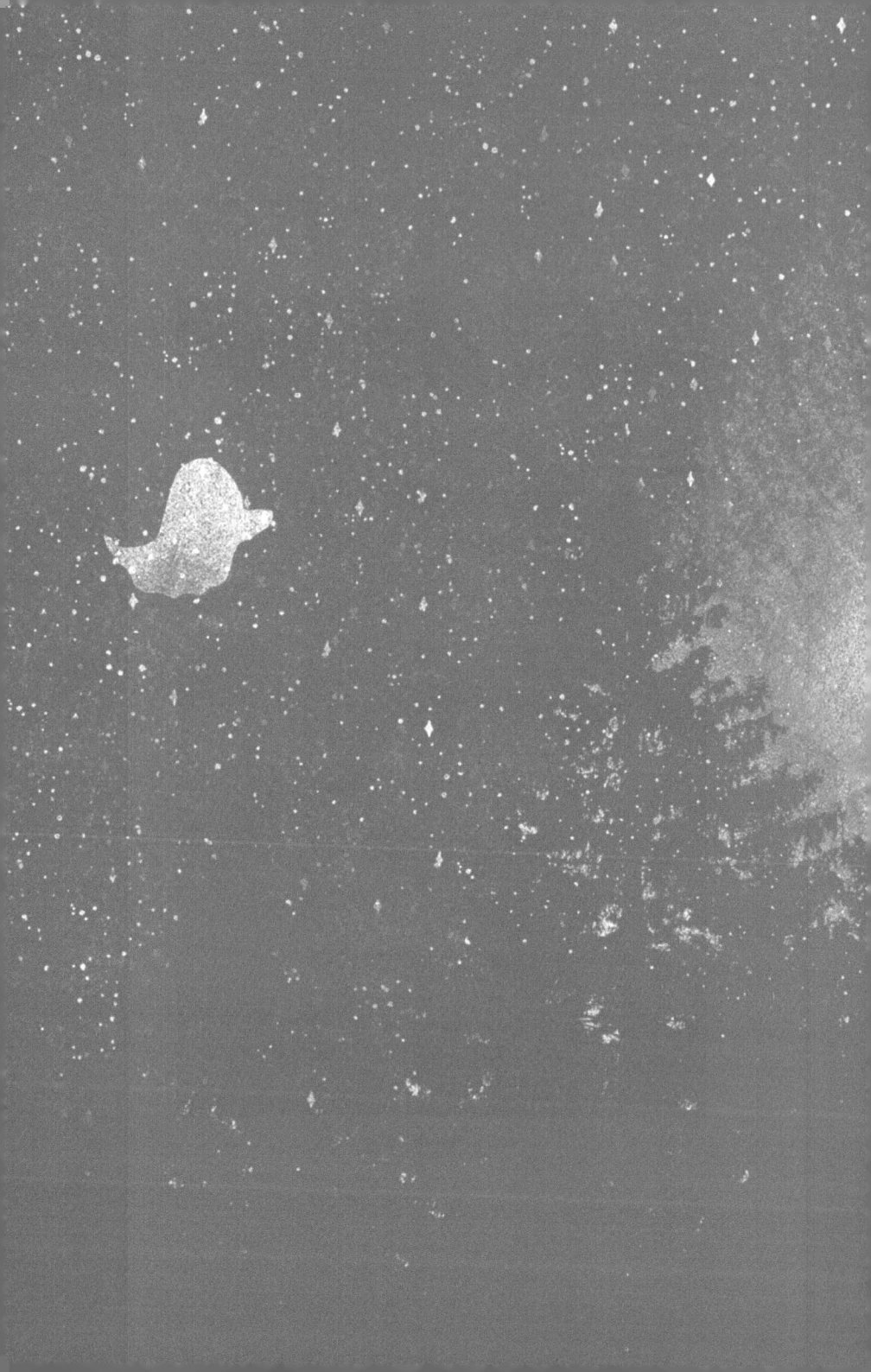

# 4장

정신 변조 시의 환각

심인 반응과 환청

1. 환청과 착시

『귀 없는 호이치』

일본의 괴담 가운데서 환청에 호소하는 유령 중에서 유명한 것은 『반쵸 사라야시키』에서 오기쿠라는 여자의 접시를 세는 목소리와 『보탄도로(牧丹燈籠)』의 멀리서 딸가닥 딸가닥하고 다가오는 오쓰유라는 여자의 나막신 소리, 그리고 한의 『귀 없는 호이치』의 괴기담이다.

호이치(芳一)라는 사나이는 비파를 타는 장님으로 청각이 매우 민감했다. 그런 만큼 자기를 부르는 거친 무사의 목소리, 갑옷자락이 스치는 소리, 시녀들의 흐느낌 등이 효과적으로 사용되고 있는데다, 또 손을 잡고 저택 안으로 안내하는 시녀의 비단 같은 손길 등이 치밀하게 묘사되어 있어 현실감을 한층 더해주고 있다. 이것은 한이 영국의 신학생 시절에 장난을 치다가 잘못하여 왼쪽 눈을 실명했고, 남은 오른쪽 눈도 시력이 좋지 않았는데, 그의 차남의 말에 의하면 "부친은 거의 반소경에 가까웠다."는 것과 무관하지 않을 것이다.

『귀 없는 호이치』의 얘기는 한의 『괴담』 중 가장 빼어난 작품이지만 원전은 분명하지 않다고 한다.

이케다(池田孫三郞) 씨에 의하면 거의 같은 줄거리로 된 『귀 자르게 단 이치』라는 얘기가 T라는 곳에 전해지고 있다고 한다. 쓰다만 부분의 경문(經文)이 뜯겨져 나갔고 이 밖의 몇몇 민화에서도 볼 수 있으므로, 나의 추측으로는 원래 에치고(越後)를 중심으로 한 일본의 서해안 지방에 분포했던 가야금을 타며 노래를 부르는 여자 소경의 얘기 계열에 속하는 것이라고 생각한다. 그러나 한이 무대를 헤이케(平家)가 멸망한 지방으로 설정한 것은 얘기에 박진감을 더하는 데에 큰 효과를 가져왔다.

명작을 분석하는 일만큼 어리석은 짓도 없지만 굳이 이 얘기를 정신과 의사의 입장에서 해석해 본다면, 호이치는 예능인에게 있음직한 강한 자부심과 신체 장애인이 지니는 열등감, 불우감이 있다. 그는 이를 보상하기 위한 과대 공상을 일삼는 버릇이 있는 감정적으로 불안정한 타입으로서, 평소부터 언젠가 한 번쯤은 고귀한 사람 앞에서 연주하게 될 것이라 하며 허풍을 떨며 주위의 비웃음을 사고 있었을 것이다. 이 같은 부적응형의 사람은 간헐적으로 정신 변조를 일으키기 쉽기 때문에, 얘기는 그 정신 변조가 일어났을 때에 호이치의 평소의 공상이 현실의 것인 양 체험된 것이라고 생각하면 잘 설명할 수 있을 것 같다.

『보탄 도로』의 S라는 사람만 해도 찾아오는 여자의 정체가 망령이라는 것을 알고 나서의 공포가, 그를 소리에 민감하게 만들어, 멀리서 울려오는 우아한 나막신 소리마저 오싹하게 느껴지는 효과를 높여주고 있다.

소음에 찬 현대와는 달리, 얘기가 설정된 옛날은 정적의 세계였다. 밤의 장막이 드리워지면 거기는 이미 망령과 생령이 왕래하고 요괴가 횡행하는 세계였다. 그러니까 딸가닥 딸가닥하는 나막신 소리가 더욱 효과를 높여줄 수 있다.

또 민담의 『버려진 해골』처럼, 저녁 종소리가 음산하게 들려오는 데서 망상 기분이 빚어지기 때문에 이 같은 괴담이 성립되는 것이다.

오기쿠의 원한

"하나, 둘…"하고 낡은 우물 속으로부터 가냘프게 흐느끼듯이 들려오는 접시를 헤아리는 오기쿠의 목소리는 집안의 하리마를 비롯한 온 집안사람들을 전율하게 한다.

오기쿠는 오로지 환청에만 호소할 뿐, 자기를 죽인 주인 하리마에게도 그 모습을 드러내지 않는다.

아무리 하인들의 목숨이 천했던 봉건 시대라고는 하지만, 가보로 전해지는 접시 한 장을 깼다고 하여 죽임을 당한다는 것은 말도 안 되는 일이다. 오카모토(岡本綺堂)라는 작가가 쓴 희곡처럼 오기쿠는 당연히 하리마와 육체관계가 있었고, 하리마의 숙모가 추진하는 하리마의 혼담에 불안을 느끼고는, 자신에 대한 하리마의 애정을 시험하기 위해 일부러 가보로 전해 오는 접시를 깬다. 하리마는 자기의 애정을 의심한다하여 격분하고 오기쿠를 죽였을 것이라는 새로운 해석이 태어나게 된다.

오카모토의 이런 가정이 옳았다고 하더라도, 오기쿠를 죽인 하리마의 진의는 과연 그랬던 것일까? 계급 제도가 엄격했던 봉건 시대에 어엿한 벼슬자리에 있는 주인이 하녀를 정실로 맞아들인다는 것은 도저히 상상할 수 없는 일이다. 하리마는 차츰 오기쿠가 귀찮아지는데, 때마침 숙모가 권하는 혼담에 마음이 움직이고 있었을 것이다. 그렇기 때문에 오기쿠는 더욱 불안해져서 접시를 깨뜨렸고, 하리마는 그것을 오기쿠를 처리할 수 있는 절호의 구실로 이용했던 것이다.

이처럼 뒤가 켕겼기 때문에 죽이고 난 뒤에 "아! 하리마의 일생일대의 사랑도 끝났다."하고 큰소리를 쳐 보았지만, 시체를 처넣은 낡은 우물에서 들려오는 환청에 시달려 끝내는 착란 상태에 빠지게 된다. 만약 하리마에게 진정한 애정이 있었다면 자기의 애정을 시험해야 할 지경에

접시집

까지 몰린 가련한 오기쿠의 마음을 헤아려 용서할 수도 있었을 것이다.

환청이 가해자인 하리마 이외의 하인들에게까지도 들린 이유는 무엇일까? 당시의 오래된 무사 집안에서는, 조금만 바람이 불어도 으스스한 소리는 항상 들리게 마련이었고, 하리마가 착란을 일으킬 때마다 참극의 목격자인 하인들에게도 환각이 집단적으로 감염되었던 것이라고 생각할 수 있다.

또 봉건 시대의 무사 집안의 하녀라는 것은 할렘의 여자와 같은 존재였다. 생살여탈권을 쥐고 있는 주인의 성욕의 대상이 되면, 이것에서 벗어나기는 불가능한 일이며, 끝내 말을 듣지 않다가는 거꾸로 매달리는 체형을 당하고, 그래도 말을 듣지 않으면 대밭에서 칼에 찔려 죽임을 당했다는 실화가 그 무렵의 일본에는 얼마든지 있었다.

I 씨의『괴담 천일야』에『다리 위』라는 얘기가 실려 있다.

집사이던 부친이 병으로 죽자, 의지할 곳이 없는 처녀를 데려 온 주인이 야심을 품고, 밤낮없이 말을 들으라고 추근대기에, 다급해진 처녀는 시한을 정하고 기다려 달라고 한다. 마침내 그날이 되자 처녀는 주인에게 잠시 외출하고 오겠노라고 부탁한다. 의심이 많은 주인은 외출하는 처녀의 뒤를 밟는다. 그런데 처녀는 그녀의 부친이 급사한 다리 위에 이르러 갑자기 온데간데없이 사라지고 만다는 괴담이다. 의지할 데조차 없는 외로운 몸으로 생살여탈권을 쥔 주인의 표적이 되어 버리면 이 처녀처럼 4차원의 세계로 사라질 수밖에 없었을 것이다.

무고한 죄를 쓰고 참살당한 하녀의 원혼이 주인집의 씨를 말렸다는

「요쓰야 괴담」

이야기, 대나무숲에서 벌레에 의한 고문을 당한 뒤 천장에 매달려 참살당한 첩의 망령이 나오는 이야기 등도 같은 계열의 괴담이다.

즉, 오기쿠의 유령은 봉건 시대에 당한 이러한 각 지방 하녀들의 원한을 대표하는 것이다. 그 때문에 이 오기쿠의 얘기는 당시 일본 대중들의 동정과 공감을 불러일으켜, 널리 후세에 전해졌다.

그런데 오늘날『요쓰야 괴담(四谷怪談)』은 해마다 상연되고 있는데도 오기쿠의 얘기는 전쟁 전과 같은 인기를 잃어버린 것 같다. 나의 소년 시절까지는 두레박으로 우물물을 긷고 있었고, 웬만한 집에는 하녀가 몇 사람씩 있었다. 군인이 첩을 군도로 참살했다는 등의 얘기가 그럴싸하게 입에 오르내리기도 하여 오기쿠의 얘기는 비교적 친근한 것이었다.

그러나 하녀가 가정부로 불리고 보석 같은 존재가 되어 버린 요즘 시대에는 오기쿠와 같은 하녀의 애화 따위는 공감을 얻기 어렵게 되었다.

그렇다고는 하나, 내가 앞서 나온 오카모토의 해석에 의문을 품게 된 것은 그의 희곡을 읽었던 중학생 시절부터이다. 즉 어린 마음에도 어딘가 석연치 않은 부자연스러운 점을 느꼈기 때문에 오랫동안 머릿속에 남아 있었던 것이다.

명작이라고 하는 것은 정신과 의사가 읽어도 주인공의 심리 묘사 등 실로 감탄할 만한 것이 많다. 따라서 『요쓰야 괴담』은 살아남고, 오기쿠의 얘기가 시들해진 것은 그 작가들의 각본이 잘되고 못된 점에도 영향이 큰 것이 아닐까?

『요쓰야 괴담』의 박진성

숱한 괴담 가운데서 일본의 대표적인 유령이라고 한다면 우선 『요쓰야 괴담』의 오이와라는 여자를 들게 될 것이다.

4대 쓰루야(鶴屋南北)의 연극 줄거리가 매우 유명하지만, 실설(實說)에서는 오이와는 데릴사위인 이우에몽에게 속아서 16년간을 무사 집안의 하녀로 들어갔는데, 어느 사이에 데릴사위의 상전인 이토의 딸 오코토가 정실로 앉아 있는 것을 알고는 요쓰야의 바깥 도랑에 몸을 던져 버렸다고 하는 비교적 단순한 줄거리의 사건이라고 한다.

그러나 연극 쪽이 줄거리에 박진감이 있는데, 정신과 의사의 입장에서 보아도 썩 잘 꾸며져 있다. 특히 제2막의 마지막, 이우에몽이 성가신 오이와를 처리하고 버젓이 오우메와 혼례를 치르고 신방에 들려는 장면에서, 갑자기 오우메의 얼굴과 목소리가 오이와로 바뀐다. 이에 소스라치게 놀란 이우에몽이 칼로 목을 내리친 즉, 오우메의 목이었다. 이 장면은 극 중에서도 현실감이 가장 생생하게 느껴지는 공포의 순간이다.

이러한 박진성이 있다는 것은 심리학적으로는 중요한 것으로, 우리가 명작을 읽을 경우에는 작중 인물이 마치 거기에 실재하듯이 선명한 인상을 갖고 전해온다. 즉 작중 인물과 실제로 만난 듯한 효과, 아니 그보다도 더 선명한 인상을 받게 된다. 명작을 다시 읽으면 첫 번째보다 오히려 감명이 깊어지는 듯한 재현성이 있다. 또 저 사람은 카르멘 같은 여자라고 말하면 누구나가 공통적인 이미지를 떠올릴 수 있듯이 보편성이 있다.

즉 명작의 작중 인물은 실제로 그 사람과 대면하고 있는 듯한 심리학적 현실성을 지니고 있으며, 말하자면 실제로 지각하는 것과 같은 선명한 이미지를 우리의 마음속에 그려낸다고 할 수 있다.

우리의 정신생활에서 이 이상 더 거슬러 올라갈 수 없는 근원적인 현상은, 주체가 객체와 마주 대하고 있다는 것, 그리고 자기가 대상과 마주하고 있다는 것을 알고 있는 점이다. 이것을 대상의식과 자기의식이라고 하는데 대상의식에는 두 가지 경우가 있다.

즉, 대상은 두 가지 방식으로 표상(表象)된다. 하나는 실물로서의 지각으로, 야스퍼스의 표현을 빌리자면 "느껴서 알 수 있듯이 현재에 있고, 생생하게 뛰어드는 느낌이며, 객체가 거기에 있다고 하는 성질"을 지닌다. 다른 하나는 존재하는 지각과 대상이 마음속에 그린 이미지이다. 이 경우 실물은 현재 없는 것이지만, 그것을 숙지하여 의지로써 상상할 수 있는 윤곽이라고 하는 성질을 갖는다.

독자는 여태까지 필자가 실제로 일어났던 환각도, 픽션으로서의 환각도 같은 수준에서 논하고 있는 데에 의문을 품고 있지는 않았을까?

정신병리학은 이같이 실제로 존재하는 대상에 의해서 일어나는 지각도, 실제는 존재하지 않는데도 마치 존재하는 듯이 느끼는 환각도, 그리고 우리가 명작을 읽고 마음속에 그려내는 표상도, 사람의 마음속에 일어나는 모든 사건(심리학적 현상)의 전부를 다루는 학문이다.

그러나 이 지각, 환각, 표상의 삼자가 언제나 확실하게 구별되는 것은 아니다. 『햄릿』에서도 언급하겠지만 진성 환각과 표상과의 중간적 성질을 지니는 가성 환각이 존재하며, 감각 차단 실험에 의해서 일어나는 환각도 또한 진성 환각보다는 마음속에 그려진 환상, 표상에 가까운 성질을 지니는 것이라고 말하고 있다.

우리가 명작 속에 다루어져 있는 뛰어난 장면을 읽고, 생생하게 떠올리는 것은 물론 표상이지만, 생생한 심리적 현실성을 갖춘 듯한 표상이 되려하면, 이것은 이미 지각과의 중간적 성격을 지니고 있는 것으로서, 가성 환각이나 감각 차단성 환각과 유사한 현상이라고 생각할 수도 있다.

즉, 『요쓰야 괴담』에 관해서 말하면, 이 쓰루야의 명장면이 정신의학적으로 보아 실화보다 훨씬 사실인 것 같은 심리학적 현실성을 지니고 있다고 할 수 있다. 4대 쓰루야에게 이와 같은 현대 정신의학의 지식이 있었을 리 없을 터인데도 이우에동의 환시를 진성 환시가 아닌 착시(錯視)로 다룬 직감의 정확함에는 경탄을 금할 수 없다.

정신 변조를 일으키는 세 가지 경우가 있다. 하나는 알코올 등의 약물이나 고열에 의한 대사성 독소(代謝性毒素) 등 외부로부터의 원인에 의한 외인성 정신병이고, 하나는 정신병이 되기 쉬운 체질 등 생체 쪽의 원인에 의한 내인성 정신병(분열증이나 조울증이 대표), 그리고 또 하나는 뭔가 커다란 정신적 쇼크에 의해서 발병한 것과 같은 심인성 정신병이다. 그 증상에는 각기 특징이 있는데, 외인성 정신병에서는 앞에서 말했듯이 활발한 환시가 보이는 데 반해, 분열증이나 심인 반응에서는 환청이 많고 환시가 나타나는 일은 극히 드물다.

최근 신문에 토막 살인사건의 범인이 죄책감에 몰린 나머지, 피해자가 밤마다 머릿맡에 나타나 잠을 잘 수가 없어서, 술에 만취되어 겨우 두, 세 시간 가면하는 상태였다고 하는 기사가 실려 있었다. 치안이 좋아진 현대에는 이우에몽과 같은 연속 살인범이 나타내는 정신 이상에 대해서는 구치 중의 살인범이 가위에 눌려 자백했다는 따위의 신문 보도를 통해 겨우 알게 되는 정도에 불과하다.

범인은 그 죄책감의 세기에 따라서 여러 가지 정신 변조를 일으키고 있겠지만, 머릿맡에 나타난다고 하는 것은, 피해자가 꿈에 나타난 경우와 그것이 잠들려 할 때의 환각과 결합해서 나타난 경우를 말한다. 깨어서 의식이 또렷할 때에 분명한 진성 환시가 나타나는 일은 극히 드물다.

이우에몽의 착란은 이 토막 살인사건의 범인과 대체로 같은 정신 상태인 것으로 생각되므로, 오우메의 오살(誤殺)을 착시에 의한 것이라고 한 쓰루야의 판단은 정신의학적으로 정당성이 있다.

앞에서도 언급했지만, 명작이 정신의학적 법칙에 합치하는 데에는 감탄하지 않을 수 없다. 다소라도 심리학적으로 모순이 있다고 한다면 독자에게 깊은 감명을 주거나, 고금의 명작으로서 후세에 전해질 리가 없기 때문이다.

괴담의 명인으로 일컬어진 엔초(圓朝)라는 사람도 역시 『진경 가사네가 후치』라는 작품에서의 살인 장면을 주정과 착시에 의한 것으로 다루고 있다. 그중의 한 장면은 후카미(深見)라는 사람이 빚 독촉에 몰린 나머지 죽여 버린 안마사 소에쓰 유령으로 오인하여 자기 아내를 칼로 쳐 죽이는 장면이다.

후카미가 소에쓰를 살해하고 나서, 아내가 원인 불명의 병에 시달렸기 때문에 지나가는 안마사를 불러들인다. 안마사는 소경이 된 지 얼마 안 되어 침을 놓을 줄 모른다고 한다. 그래서 대신 후카미의 어깨를 주무르게 한다.

아내 : "아이 아파, 아파 죽겠네."
후카미 : "그렇게 끙끙거리면 어떻게 하오. 좀 참지 못 하겠소. 무사 집안에서 태어난 사람답지 않구려. 아프다, 아프다 하면서 참을 순 없겠소? 그렇게 몸부림을 치면 병에 질 테니까. 꾹 참아야 하오. 아이구 아파라, 이봐 안마사, 잠깐만

기다려. 아이구 아파라. 과연 넌 서투르기 짝이 없군. 이봐, 뼈를 문지르는 놈이 어디 있어? 조금은 생각해서 하려무나. 아이구 아파라. 억세게도 아프군. 못 견디게 아팠단 말야."

안마사 : "예? 아프셨어요? 아프시다지만 이건 아직 약과예요."

후카미 : "뭐라고? 이게 약과라니? 이보다 더하면 아파서 못 견디겠다. 뼈가 울릴 정도로 아프단 말이야."

안마사 : "그럴 리야 없겠죠. 아직은 손끝으로 문지르고 있는데요. 아프시면 얼마나 아프시겠어요. 당신의 단도로 왼쪽 어깨부터 젖무덤까지 이렇게 팍 내리쳤을 때의 아픔이란 이런 게 아니었으니까요."

후카미 : "뭐, 뭣이라구?"하며 뒤돌아본즉 지난해에 자기가 죽인 안마사 소에쓰가 피골이 상접한 손을 무릎 위에 얹고 원망스러운 듯이 보이지 않는 눈을 희번덕거리고 있는 것을 보았을 때, 후카미는 취했던 술이 번쩍 깨며 오싹 겁이 나서 곁에 있던 칼을 낚아채

후카미 : "네놈이었군!"하며 힘껏 내리쳤다.

안마사 : "억!" 그 소리에 놀라 문지기가 달려와 본즉 소에쓰가 아닌 마님이 어깻죽지 깊숙이 칼을 맞아 몸부림치고 있다.

후카미 : "저, 저놈 안마사는?"하며 둘러본즉 안마사의 그림자는 온 데 간 데 없다.

후카미 : "소에쓰 놈의 집념이 변신하여 나타났구나 싶어서 나도 모
르게 내리쳤는데 당신이었구려."

아내 : "아. 누구를 원망하겠어요. 저는 소에쓰에게 죽임을 당할
거라고는 생각하고 있었지만……. 당신이 술을 끊지 않
으시면 결국은 패가망신을 할 거예요."하며 한, 두 번 허
공을 휘젓다가 숨이 끊어졌다.

또 한 장면은 신키치가 오히사라는 여자와 도망을 치다가 신키치가
버린 도요시가의 얼굴로 잘못 보고 낫으로 오히사를 참살하는 장면이다.
 신키치는 도요시가가 종기로 마치 도깨비 얼굴처럼 되어, 젊은 여제
자 오히사에 대한 질투로 미쳐서 죽은 원한을 아랑곳하지 않고, 오히사
와 손을 맞잡고 줄행랑을 치다가 제방길로 접어든다. 때마침 소나기로
사방이 캄캄하다. 오히사는 발을 헛디뎌 제방길 밑으로 굴러 떨어졌는
데, 공교롭게도 거기에 있던 낫에 무릎을 깊이 다쳤다.

오히사 : "아이구 아파 죽겠어요!"
신키치 : "아프다고? 도무지 캄캄해서 보이질 않잖아. 조금만 참아
요. 이 수건으로 싸매 줄 테니까……. 자 한 번 더 이렇게
싸멜게……."
오히사 : "아이구, 이젠 아픈 게 가라앉았나 봐요."
신키치 : "조금만 참아요. 내가 업어주고 싶지만 보따리를 지고 있

으니까 업을 수가 없군. 자, 내 어깨를 꽉 잡고 가요."

하고 둘은 쩔뚝거리면서

오히사 : "고마워요, 신키치 씨. 전 정말로 소원이 이뤄져서, 당신과 둘이 이런 시골까지 도망쳐 왔는데, 이제부턴 살림을 꾸리며 부부가 되어 사이좋게 산다면 보다 더 기쁠 게 뭐가 있겠어요. 하지만 당신이 워낙 미남인 데다 바람꾼이란 걸 알고 있으니까, 혹시 당신이 다른 여자와 바람을 피워, 절 버린다면 어쩌나 하고 벌써 마음이 괴로워요."

신키치 : "뭐야, 버리느니 안 버리느니, 어젯밤에 겨우 마쓰도에서 첫날밤을 묵었을 뿐인데. 버리고 안 버리고 할 게 없잖아. 괜히 사람을 의심하는군."

오히사 : "아니에요. 당신은 절 버릴 거예요. 당신은 그런 사람인 걸요."

신키치 : "왜 그런 쓸데없는……. 지금 당신 숙부한테 기대러 가는 판인데. 당신을 버리면 내가 낭패잖아."

오히사 : "아이 그럴싸하게 말씀하시네. 틀림없이 절 버릴 거예요."

신키치 : "왜 자꾸 그런 생각을 하지?"

오히사 : "왜가 아녀요. 신키치 씨. 난 얼굴이 이렇게 된 걸요."

신키치 : "어디?"

하고 신키치가 본즉 오히사의 곱던 얼굴이 눈 밑에 종기가 톡 불거졌는가 했더니 금방 얼굴 전체로 퍼져서 마치 죽은 도요시가의 얼굴같이 변했다. 캄캄한 어둠 속에서 오히사의 얼굴만 뚜렷이 떠오르자 신키치는 겁에 질린 나머지, 낫을 휘두르고 말았다. 우연이긴 하지만 피하던 오히사의 목젖에 시퍼런 낫이 꽂혔다. 비명을 지르며 앞으로 쓰러진 오히사는 풀을 잡고 몸부림치며

    오히사 : "아이 원통해."

    라는 한 마디를 남기고 숨져 버렸다.

-『엔초 전집』

  노력가였던 엔초의 염두에는 물론 소재가 된 『요쓰야 괴담』의 장면이 깔려 있었겠지만, 그 자신은 어떻게 하면 더욱 박진감이 날까 하고, 밤낮으로 골몰한 끝에 이 같은 장면을 설정했을 것이다.

  가학 취미로 악랄한 행동을 다한 이우에몽에게도 역시 양심의 가책은 있어서, 그는 죄책감에서 벗어나기 위해 폭주와 주정에 인한 오살, 그것을 잊기 위한 폭음으로 차츰 정신이 황폐해져 간다. 정신의학적으로 보면 죄책감으로 인해서 심인 반응을 일으키고, 게다가 만취에 의한 착각이 가해져서 잇따라 살인을 범한 것으로 해석할 수 있다.

  이 같은 심인성 정신 이상에서는 『반쵸 사라야시키』와 같이 환청이 주이고 진짜로 환시가 나타나는 것은 드물다. 환시처럼 보여도 여태까지 든 세 장면과 같이 실은 착시에 지나지 않는 것이다.

  또 이우에몽이나 후카미의 경우는 만취에 의한 착각 외에 알코올 금단 현상의 하나인 일과성 환시가 섞여 있을 가능성도 있다. 엔초가 숨을

거두는 후카미의 부인으로 하여금 "당신이 술을 끊지 않으면 패가망신할 거예요."라고 말하게 한 것은, 후카미의 알코올 중독이 상당히 진행되어 있다는 것을 가리키는 대사다.

이 일과성 환시인 시기에 사람의 얼굴이 보이는 증상 예가 실제로 있었다. 필자가 경험한 어느 남성의 예에서는 상인방에 으스스한 여자 얼굴이 떠오르며 그를 보고 히쭉 웃었다고 한다.

그는 그때의 공포감이 너무나 강했기 때문에 두 번 다시 술을 입에 대지 않겠노라고 새파랗게 질린 얼굴로 진지하게 말했다. 그 여자의 얼굴은 본 적도 없고, 또 여자에게 원한을 살 만한 과거도 없었다고 한다.

오이와의 얼굴

그런데 오이와도, 도요시가도, 그리고 뒤에서 언급할 피부 매독으로 얼굴이 망가뜨려져서 남자에게 살해당하는 여자도, 모두 유령이 되어서 나타나는 직접적인 동기는, 여자의 생명인 얼굴을 망쳐서 남자에게 버림받은 원한이다. 얼굴만 본래대로라면 박정한 사나이에게 그토록 집착해야 할 이유가 없다.

오이와만 하더라도 본래 잘난 용모는 아니지만, 남편과 옆집 사나이가 공모하여 부인병에 잘 듣는 약이라고 속여 독약을 먹여, 두 번 다시 못 볼 추악한 얼굴이 되었기 때문에 둔갑해서 나오는 것이다.

어느 때는 폭력을 휘두르기도 하고, 어느 때는 가학적으로 오아와를 못살게 구는 이우에몽이기는 하지만 오이와의 얼굴에 상처만 입히지 않앉더라면 오이와도 둔갑해서 나타나는 일은 없었을 것으로 생각된다.

즉, 다른 원한은 젖혀두고라도 여자의 생명이라 할 수 있는 얼굴을 엉망이 되게 한 원한이 직접적인 동기가 되어 유령으로 둔갑해서 나타난 것이다.

오이와 | 얼굴에 대한 여자의 집념은 무섭다.

필자는 여성의 얼굴에 대한 특별한 집념을 새삼스레 느끼게 하는 경험을 주변에서 볼 수 있었다. 그것은 아내가 신우염에 걸려 3주 정도 입원했을 때의 일이다.

그 병동은 각 과(科)의 혼성 병동이었기에, 같은 방에 상악동암(上顎洞癌)의 재수술을 위해 입원한 30대 주부가 있었다. 병원에서는 특별한 우정이 싹트는 모양으로, 같은 또래의 아이도 있고 하여 아내는 자기가 퇴원한 후에도 통원 치료를 받으러 간 김에 병실을 찾아보거나, 입원 중인 환자로부터 전화가 오거나 하여 서로 왕래가 있었다. 아내의 말에 의하면 일 년 전에 상악동암의 극히 초기라고 하여 수술을 받았지만, 경과가 좋지 않았다. 주치의는 아직 늦지 않았으니까 재수술을 받으라고 권고했지만, 본인의 결심이 서지 않아 하루하루 재수술을 연기하고 있다고 했다.

그 당사자로부터 전화가 와서 의사로서의 의견을 물었기 때문에, 필자는 무심코 "아이들도 있고 하니 곧 수술을 받는 것이 좋겠습니다. 목숨이 제일 아닙니까."라고 잘라 말해 버렸다. 후에 그 부인의 남편으로부터 당사자에게는 아직 확실히 암이라는 것을 말하지 않고 있었는데 쇼크를 받은 듯하다고 다소 원망 조의 전화가 걸려 왔다. 물론 남편도 주치의로부터 속히 재수술을 받도록 부인을 설득하라는 권고를 받고 있었다.

그러나 그녀는 얼굴에 칼을 대지 않아도 된다는 유혹을 이겨 내지 못하고 꼬박 6개월 동안 백신주사를 계속하는 것으로 소비하여 끝내 시기를 놓쳐 사망했다.

생각해 보면 그녀도 밖에서 보이지 않는 자궁암이었더라면 주저 없이 재수술을 받았을 것이다. 또 유방암으로 유방을 떼어낸다거나 설사 한쪽 다리를 절단해야 한다고 하더라도 그녀는 망설이지 않고 수술을 받았을 것이다. 그러나 얼굴 부위의 암 때문에 여자의 생명인 용모를 잃는다는 결심은 어린 자식들의 일을 생각하더라도 아직 30대인 그녀에게는 어려웠던 것이다.

필자는 이러한 경험으로부터 새삼 얼굴에 대한 여자의 집념을 느끼는 동시에, 오이와가 유령으로 둔갑해서 나타난 참 이유를 비로소 안 듯한 생각이 들었다. 어린 시절, 위험한 장난을 치고 있는 사촌 누나에게 큰어머니가 "그런 짓을 하다가 오이와 같은 얼굴이 되면 어떡하려는 거야."하고 꾸짖고 계셨다. 여자아이에게는 무엇보다도 효과적인 위협이었다.

오이와의 원한은 본질적으로는 남자에게 사랑을 받지 못하는 추녀의 원한일 것이다.

오이와는 정숙하고 마음씨 착한 여성이다. 그러나 이우에몽은 오이와가 못났다는 이유만으로 그녀가 잘 대해줄수록 매정해진다. 본래 용모란 본인에게는 아무 책임도 없는 타고 난 것이다. 그러나 세상 사나이들은 마음씨가 곱다는 것만으로는 사랑해 주질 않는다. 한쪽은 코가 좀 오뚝하다거나 눈매가 귀엽다거나 하는 하찮은 이유로, 많은 사나이들에게 둘러싸여 귀여움을 받고, 다른 한쪽은 말도 제대로 걸어주지 않을뿐더러 사모하면 뿌리치고 발길로 채일지도 모른다. 세상에 이런 당치 않은 일이 있을까? 남자라면 발분하여 출세해서 보란 듯이 보복할 수도 있다. 하지만 수동적인 입장인 여성의 경우는 자존심을 회복할 길이 없다. 갑부의 외동딸이라면 그 재산 때문에 상대의 애정을 솔직히 믿을 수가 없다.

필자는 결혼이 임박하여 불안이 강해져서 발병한 여성 환자를 담당한 일이 있다. 착란한 그녀는 약혼자가 그녀를 사랑하고 있는 것이 아니라 재산을 노리는 거라고 말하고 있었다. 그녀는 결코 매력적이라고는 말할 수 없는 용모였다. 그녀에게는 뿌리 깊은 못난 얼굴에 대한 열등감이 잠재해 있었을 것이다.

오이와의 원한은 이런 여성의 마음을 대변하는 것이므로, 여성이 인종(忍從)을 강요당하지 않는 현대에도 어필하는 것이리라.

생각할 수 없는 상황 설정

오이와나 오기쿠와 같은 유령은 양심의 가책으로부터 정신 이상을 일으킨 주인공이 체험하는 환각이므로, 본인에게만 보이고 건강한 주위 사람들에게는 보이지 않는 것이 원칙이다. 그런데 엔초의 괴담에서는 이와는 반대로 본인에게는 보이지 않고 주위 사람들에게는 보이는 유령이 등장한다.

사랑의 도피 행각 중에 피부 매독으로 흉한 얼굴이 된 여자를 참살하고 아무 일도 없는 듯이 여행을 계속하는 사나이에게 묵는 주막마다 종업원이 두 사람 몫의 식사를 준비한다는 괴담이다.

이것은 즉, 남에게는 보여도 본인에게는 보이지 않는 유령으로 정신의학적으로는 있을 수 없는 현상이며, 장난으로서의 괴담에 속하기 때문에 공포감이 덜하다. 굳이 해석한다면 여자를 죽이고 공포에 떠는 주인공이, 주막 사람의 실수로 두 사람 몫의 식사가 준비된 데에 쇼크를 받아, 다음 주막부터는 언제나 두 사람 몫이 준비되어 있는 것 같은 착각을 지니게 된다는 것인지도 모른다.

그러나 엔초의 장기인 괴담 『보탄 도로』가 명조(明朝)의 『전등 신화(剪燈新話)』로부터의 번안인 것처럼, 이 얘기도 또 청조 말년에 출판된 『권계록선(勸戒錄選)』이 원전이다. 이 얘기의 바탕이라고 생각되는 것이 옛날 중국의 과거의 하나인 향시(鄕試)에 얽힌 일화로 소개되어 있다.

어느 해 남경(南京)의 향시에 시골에서 올라온 수험생이 여관에 머물려고 주인과 숙박비를 흥정하고 있었다. 수험생은 혼자라고 하는데도 주인은 두 사람이라고 우겨댄다.

"이봐요, 손님 뒤에 부인이 계시잖아요."
라고 해서 뒤를 돌아다보았지만 아무도 없다.

"저 안색이 나쁜 여자분은 댁의 부인이 아닌가요?"
그러자 수험생은 얼굴이 새파랗게 질리며 허둥대기 시작했다.

"이번 과거는 아무래도 재수가 좋지 않아. 그만 둬야겠다."
하고 중얼거리더니 뒤도 돌아다보지 않고 도망쳤다. 뒤에 남겨진 여자는 주인을 향해서

"당신은 왜 그리 박정하십니까. 겨우 원수를 만나 원한을 풀려 했는데, 당신이 쓸데없는 말을 했기 때문에 도망쳐 버렸잖아요."
하고 덤벼드는 바람에 주인은 난처해져서

"방금 떠났으니까 빨리 쫓아가 붙잡으면 되지 않아요. 아무것도 모르고 그만."

"당신은 모른단 말이에요. 죽은 사람이 복수를 할 수 있는 것은 과거를 보는 시험장 안에서만 할 수 있다는 걸. 겨우 힘들게 기회를 잡았는데 당신 때문에 엉망이 돼 버렸어. 도대체 어떻게 할 거요? 이렇게 된 이상 당신을 그 사람 대신 내 길동무로 삼을 테니 그리 알아요."
하며 덤벼들므로 주인은 깜짝 놀라며

"잠깐, 잠깐만 기다려 주세요. 정말 내가 잘못 했어요. 용서해 주세요. 그러나 또 기회가 있을 테니까 그때까지만 기다려 주세요. 저승

으로 돌아가실 여비는 얼마든지 드릴 테니까."
하고 말하자, 여자는 다소 기분이 누그러지면서, 그렇다면 오늘밤 지전을 태우고, 불경을 읽어주어야 한다는 조건을 달고, 약속이 끝나자 히쭉 웃으면서 그대로 사라졌다고 한다.

—『과거』에서

중국에는 이밖에도 남에게는 보이지만 육친에게는 그 모습이 보이지 않는 유령 얘기가 있다. 매장한 모친으로 짐작되는 유령이 무덤에서부터 집까지 갈 마차 삯을 자주 청구하기 때문에, 개장(改葬)을 한즉 이변이 일어나지 않게 되었다는 얘기가 당나라 시대의 『속 현괴록(續玄怪錄)』에 실려 있다. 아무 관계도 없는 남에게만 보이고 당사자에게는 보이지 않는다고 하는 유령 얘기는 중국에서는 드물지 않은 것인지도 모른다.

2. 햄릿의 환각

유령과 요괴

성벽을 따라 이어진 빈터. 성벽의 문이 열리며 망령에 이어 햄릿이 나타난다.

햄릿 : "어디까지 가는 거냐. 자, 말을 해봐."

망령 : "지금부터 얘기하는 사건의 전말, 명심해 듣거라. 듣고 나면 복수할 의무에서 벗어나지 못하리라."

햄릿 : "음, 생각했던 대로구나! 역시 저 숙부가!"

—『햄릿 제1막 제15장』

햄릿의 환각에 대해서는 정신의학에서도 여러 가지 설이 분분하다.

필자가 굳이 '망령'이라는 말을 사용한 것은 햄릿의 환각이 유령이냐 요괴냐 하는 의문이 있기 때문이다.

야나기다 구니오(柳田國男) 씨는 유령과 요괴의 차이에 대해 분명히 구별하고 있다.

그에 의하면 첫째, 요괴는 출현 장소가 거의 일정하나 유령은 상대에 따라서 어디에든 나타난다. 둘째로 요괴는 상대를 고르지 않으나 유령은 특정한 상대에게 달라붙는다. 셋째, 요괴가 출현하는 시각은 저녁녘이나 미명이고, 유령은 한밤중이 많다.

이 시각에 대한 정의에는 이론이 있고, 양쪽이 모두 한밤중에 나타난다고 생각하는 사람이 많으므로, 야나기다 씨의 분류도 요약하면, 이케다 야사부로(池田彌三郎) 씨처럼 '사람을 겨냥하여 나타나는 유령과, 어느 한정된 특정 장소에 나타나는 요괴'와의 차이라는 것이 된다. 즉 유령은 사람에게 달라붙고 요괴는 장소에 달라붙는 것이다.

이것을 정신의학 면에서 설명하면, 유령이란 죄책감에 시달려 정신이상을 일으키고 있는 사람이 보는 환각이므로 특정인에게만 보이고 어떤 장소에든 나타난다. 이에 반해서 요괴란 특정 장소에 온 사람은 누구든지 구별 없이 경험하는 괴기 현상이다. 즉 그곳으로 가면 환각을 일으키기 쉬울 만한 으스스한 장소가 있어, 불특정 다수인이 체험하는 생리적 환각인 것이다.

숙박을 하면 반드시 가위에 눌리는 '밀폐된 방' 등은 잠들려 할 때의 환각으로 설명할 수 있으며, 요괴가 사는 황폐한 절터나 고가 등은 감각 차단성 환각을 일으키기 쉬운 조건을 갖춘 장소라고 할 수 있다.

공원(貢院)과 『햄릿』의 망령

앞에서도 인용했지만 향시(鄕試)가 행해지는 시험장인 공원(貢院)이라는 곳도 유령이 나타나기 쉬운 장소라고 한다.

……과거를 보려는 어느 수험생이 시험장에서 갑자기 발광하며

자꾸만 "용서해 줘, 용서해 줘."하고 소란을 피우기 시작했다. 답안지를 본즉 글자는 하나도 쓰여있지 않고 여자의 신발 그림이 그려져 있었다. 전에 이 수험생이 정조를 범했기 때문에 자살한 젊은 하녀의 망령이 나타나서 그를 괴롭히고 발광하게 했던 것이다.

이와 비슷한 얘기는 수없이 많이 전해진다. 그리고 유령이 나타나는 것은 주로 향시를 볼 때에만 나타나는 것도 이상하다. 향시는 공원이라고 하는 으스스한 장소에서 거행되는데, 아마 수험생들이 입장한 후 대문이 한번 닫히면 시험이 끝날 때까지는 절대로 다시 열리는 일이 없이 완전히 안팎이 차단되어, 내부는 외계로부터 고립되어 버리기 때문일 것이다. 공원 안은 말하자면 속세를 떠나 지방관의 통치권도 경찰권도 미치지 못하는 딴 세계다. 그리고 이 안에서만 복수가 허용되는 장소이기 때문에 그것을 노려 유령이나 도깨비가 출몰하는 것이라고 생각되었다.

―『과거』에서

지금도, 옛날도 수험 지옥이라는 것에는 변함이 없으나 이 향시라는 것은 독방에 2박 3일 동안 밀폐되어 필생의 지혜를 다 짜내어 답안을 만들어야 하는 맹렬한 마라톤 시험이기에 심신을 모두 소모하여 정신 이상을 일으킨다 한들 조금도 이상할 것이 없다. '그리고 유령이 나타나는 것은 주로 향시의 경우에 한정돼 있는 것도 이상하다.'고 하는 의문은, 정신의학의 입장에서는 얼마든지 있을 수 있는 일로 설명할 수 있다.

2박 3일에 걸치는 정신적 스트레스, 수면 부족, 공복감 등의 생리적인 악조건도 그러려니와, 향시에서의 환각 발생의 최대 변수로 되어 있는 것은 뭐니 뭐니 해도 시험장인 공원의 구조에 있는 것으로 생각된다.

공원은 꼭 한 사람이 들어갈 만한 크기의 독방 같은 방이 마치 벌집처럼 수천, 수만 개가 다닥다닥 붙어 있는 건물로서, 독방에는 문도, 가구도 없고 삼면이 벽돌로 칸막이 된 공간에 지나지 않는다. 이 같은 방이 미로와 같은 좁은 통로로 이어져 있다. 3년에 한 번씩 있는 시험 때에만 사용되는 건물이기 때문에 평소에는 손질이 나빠 황폐하기 그지없는 곳이다. "만약 혼자서 한밤중에 이런 곳으로 헤매어 든다면 얼마나 으스스할까. 틀림없이 귀신의 곡성이 구슬프게 들려 올 것이다."라고 할 만한 상황이다.

— 『과거』에서

이런 상황이야말로 감각 차단 실험실에 딱 들어맞는 조건을 갖춘 구조가 아닌가.

이런 방에 2박 3일이나 격리되어 희미한 촛불을 의지하여 밤을 지새우면서 자신의 일생의 운명을 좌우할 답안을 만들어야 한다면, 자기의 과거와 장래가 주마등처럼 수험생의 뇌리를 오락가락하고, 만약 과거에 어떤 악행을 저지른 사실이 있다면 그로 말미암아 환각이 일어난들 조금도 이상할 것이 없다.

『과거』의 저자는 공원에는 '유령'이 나타난다고 쓰고 있으나, 공원에서 일어나는 환각은 비교적 많은 사람에게서 일어나기 쉽다는 점에서는 요괴적이며, 지난날에 죄과가 있는 사람에게서 일어난다는 점에서는 유령적이어서, 이는 꼭 중간적 존재이다.

즉, 환각을 일으키기 쉬운 구조를 갖춘 장소에 있더라도 환각은 누구에게나 생기는 것은 아니며, 평소 정신적인 문제를 지니고 있는 사람에게만 일어나는 일이 많은 것이다.

햄릿이 본 부왕의 망령은 깊은 밤, 옛 성벽의 어둠 속에 나타난다. 햄릿이 아니고, 먼저 감시병이 발견하고, 첫닭 소리와 함께 오간 데 없이 사라져 버리는 등은 참으로 요괴적이라고 할 수 있다. 그러나 햄릿에게만 말을 걸어 왔다는 점에서는 유령적이며, 마치 공원에 나타나는 유령과 성질이 비슷하다.

평소에는 아무도 가지 않는 옛 성벽 근처 등은 대낮에도 어두컴컴하고 음산하여, 심야의 감시병 등에게 감각 차단성 환각을 일으키기에 절호의 조건을 갖추고 있다. 미신이 깊었던 중세에 국왕의 급사는 병사들을 동요시켜 여러 가지 뜬소문이 떠돌고 있었을 것이다. 호레이쇼 등이 본 망령은 그것들이 바탕이 되어 일어난 감각 차단성 환각의 집단 감염이다.

햄릿의 심리 해부

그러나 햄릿이 들은 부왕의 목소리는 햄릿의 가슴에 자리 잡고 있던 평소의 의혹이 부왕의 목소리로 되어 들려온 것에 지나지 않는다. 감수성이 예민한 사춘기 청년이 존경하고 사랑하는 부왕의 급사, 거기에 이어지는 모친의 재혼에 대해 어떤 감정을 품게 될까?

사내아이가 모친에게 대해서 품는 애착을 프로이트가 오이디푸스 콤플렉스라고 명명한 것은 중학생도 알고 있을 것이다. 명명자인 프로이트 자신이 심한 오이디푸스 콤플렉스의 소유자로서, 소년 시절에는 음란한 의붓형 필립이, 자기 모친을 임신시키는 것이 아닐까 하는 공포에 사로잡혀, 필립에게 제발 어머니를 임신시키지 말라고 열심히 부탁했다고 프롬은 익살스럽게 『프로이트 평전』에서 기술하고 있다.

부친을 살해하고 그 자리를 차지하고 싶다는 소망이 오이디푸스 콤플렉스의 본래의 의미이지만, 실제로 부친이 죽고 다른 사나이가 그 자리를 차지했을 경우 어떠한 심리학적 메커니즘이 그 소년에게 일어날까?

가장 많은 것은 의붓아버지에 대한 반항일 것이다.

일본의 도요토미 히데요시(豊臣秀吉)도 히요시마루(日吉丸)라고 불리던 어린 시절에 아버지가 죽고 의붓아버지 치쿠아미를 맞이했다. 히요시마루는 남의집살이를 나갔으나 가는 곳마다 사고를 저질러 마침내 마을을 떠나야만 했는데, 이런 일들은 분명히 모친의 재혼에 대한 저항이라고 해석된다. 후년에 발군의 적응성을 보인 히데요시다운 외향적인 반응 방법이다. 여기에 대해 내향적이고 분열 기질의 대표로 들어지는 햄릿의 경우, 자기의 콤플렉스가 남에게 투영되어 숙부가 부친을 죽이고 모친을 빼앗았다고 하는 망상을 갖기에 이르는 것이 오히려 당연한 일이라고 생각된다.

햄릿과 같이 장성한 장남이 있는 중년 여인인 모친에게, 형을 죽여서라도 차지하고 싶다고 생각하게 할 만한 매력이 있었으리라고는 도저히 생각되지 않는다. 오히려 완전히 악한으로 다루어지고 있는 숙부는, 형수를 억지로 떠맡게 되어 내심 무척이나 낭패였었는지도 모른다. 일국의 왕이 급사하고 왕자가 아직 어리다면, 동생이 왕비와 재혼하여 잠정적으로 국정을 보살피는 것은 자연스런 추세이며, 숙부도 자기에게는 자식이 없었기에 당연히 햄릿에게 왕위를 물려줄 생각이었을 것이다.

얘기가 차츰 비극으로 발전해 가는 원인은 모두 의붓아버지가 된 숙부에 대한 햄릿의 비정상적인 증오심에 있다. 이 같은 병적인 증오심은 내심의 불안이 토대가 되어 있는 일이 많다. 또 불안이 강한 경우의 사람의 반응을 살펴보면, 분열 기질인 사람은 타벌적(他罰的) 경향을 취하는 일이 많다고 한다. 즉 햄릿의 숙부에 대한 지나친 증오심이 햄릿 자신의 불안을 불러일으키고, 그 불안이 투영되어 피해의식이 강해져서 끝내 숙부를 찔러 죽인 것이다. 그렇기 때문에 햄릿은 임종 때, 호레이쇼에게 자기 행동을 변명해 주도록 집요하게 부탁하지 않으면 안 되었던 것이다.

햄릿의 환각은 유명하기 때문에 흔히 정신과의 강의에도 인용된다.

햄릿의 환각은 진성 환각이라기보다는, 자기가 생각하고 있었던 것이 소리로 되어 들려 왔다고 하는, 오히려 표상(表象)에 가까운 성질인 데서부터 일찍이 정신병리학에서는 거짓 환각(僞幻覺)의 대표로 여겨졌다.

이 거짓 환각의 정의는 어렵지만, 요컨대 지각과 성질이 비슷한 진성 환각에 대해서, 거짓 환각은 지각과 표상의 중간적 성질을 지니는 것으로서 분열 병자의 '내심의 소리' 등을 그 대표적인 예로 친다.

햄릿이 들은 부왕의 망령의 목소리에는 이 거짓 환각의 특징이 잘 나타나 있다. 호레이쇼 등의 망령 소동에 촉발되어 햄릿 평소의 콤플렉스가 부왕의 목소리로 되어, 햄릿의 귀에만 들려온 것에 지나지 않는다.

햄릿 콤플렉스

무대에서 햄릿을 연출한다는 것은 모든 배우들의 평생의 꿈이라고 한다. 왜 햄릿만이 이토록 환영을 받는 것일까?

햄릿의 모순된 성격 탓으로 실패작이라고 단정한 엘리엇을 비롯하여 괴테, 콜리지 등 『햄릿』을 거론한 사람의 수는 한이 없다. 일본의 문호 나쓰메 소세키(夏目漱石)가 『우미 인초(虞美人草)』라는 작품에서, 작중 인물로 햄릿형과 돈키호테형의 두 가지로 분류한 이래, 원작을 읽은 일이 없는 사람들까지, 햄릿형이라고 하면 우유부단하고 자기모순이 많은 내향적 성격을 떠올리게 되었다. 햄릿은 불확실성 시대를 사는 현대인에게 딱 들어맞는 성격인 것이다.

햄릿의 원화(原話)는 덴마크 국민사(國民史)의 사실(史實)에 근거한다고 하며 또 북해를 에워싸는 북유럽의 민족시와 민간전승에서 유래하는 것이라고 한다.

스위스의 정신의학자 G. 융은 『햄릿』이 어필하는 이유를 '우리 왕가'의 사건으로 다룸으로써 민중이 자신의 체험으로서 받아들이기 쉽게 한 셰익스피어의 능란한 수법 때문이라고 논평하고 있다. 융의 의견은 덴

마크 국민이나 공통의 민간전승을 공유하는 문화권에서 적용할 수 있다는 것이다. 그러나 민족이나 문화권이 전혀 다른 나라에서도 『햄릿』이 인기가 있는 것은 어떤 까닭일까?

전에 남편이 장기간 외국에 나가서 일하는 동안에, 독수공방을 견디지 못한 어머니가 자기를 비판하는 딸을 목 죄어 죽인 사건이 보도된 일이 있었다. 이같이 한 마리의 암컷으로 화한 모친으로부터는 어버이로서의 보호를 기대할 수 없을 뿐더러 자식에게도 오히려 위험한 존재가 되어 버린다. 이 일은 일렉트라 콤플렉스(딸이 어머니를 미워하고 아버지를 따르는 경향)의 어원으로 된 그리스의 비극 아가멤논 왕의 전설을 비롯하여, 덩치 큰 사나이와 재혼한 모친이 자식들을 죽이려는 발칸의 민화, 『마법의 닭의 심장』이라는 페르시아 민화 등의 테마로 되어 있는 것으로도 명백하다.

일본의 『고지키(古事記)』에도 부친을 죽이고 모친을 빼앗은 천황에게 복수한 어린 마요와 노미코의 얘기가 나온다. 또 정신 요법의 실제 사례에도 햄릿을 닮은 망상을 볼 수 있고 미야기(宮城音彌)씨는 이것을 햄릿 콤플렉스라고 부르고 있다.

필자에게 오는 외래 환자 중, 중학교 3학년이 되는 리틀 햄릿이 양친과 함께 온 일이 있다. 금년 봄부터 빈번하게 문지방을 타고 넘나들거나 하는 괴상한 강박 행동이 있다고 한다. 족벌 회사의 총수이던 아버지는 그가 두 살 때 교통사고로 사망하고, 차남인 숙부가 형수와 재혼하여 그를 양육했다. 철이 들기 전이었기 때문에 그는 자기를 친아버지로 생각하고 있다고 양친은 주장한다. 그러나 두 살 터울의 의붓동생이 태어났을 때 천식 발작을 일으켜서 나중에 그에게 물어보니, 초등학교 입학 때에 근처의 아주머니로부터 진상을 들었다고 한다. 그의 기묘한 강박 행동의 의미는 동생이 자기보다 명문 중학교에 합격한 현재, 자기가 사장의 후계자로서 이 집에 머물러 있을 것인지 아닌지를 무의식적으로 양친에게 묻는 상징적인 행동이었다. 아동기이기 때문에 강박 행동의 형식으로 나타났지만, 좀 더 나이가 들었더라면 숙부에 대한 피해망상으로 발전한다 해도 이상할 것이 없는 사례다.

이같이 예로부터 다른 인종, 다른 문화권에 같은 내용의 얘기가 있다는 것은, 이것이 인류에게 일어나기 쉬운 공통의 근원적인 비극이기 때문이 아닐까.

셰익스피어의 4대 비극 가운데에, 아내를 살해하는 『오델로』, 어버이를 죽이는 것과 같은 『맥베스』, 혈육을 나눈 부녀의 비극인 『리어왕』만 하더라도 『햄릿』의 비극성에는 당하지 못한다.

그것은 『햄릿』의 비극의 본질이 부친의 원수를 갚는 복수극이 아니라, 인간의 근원적인 관계인 모자간의 비극, 즉 모친에게 배반당한 자식의 비극에 있기 때문이다.

5장

괴담의 논리

1. 인간은 왜 괴담을 좋아하는가?
공포의 논리

인류의 원체험 — 도주담은 세계 공통 —

어린이들은 나중에 무서워서 화장실에도 가지 못한다는 것을 알면서도 어른들에게 괴담을 해 달라고 졸라댄다. 단순히 생각하면 그것은 괴담에 의해서 공포를 맛볼 수 있기 때문일 것이리라.

그러나 공포라는 것은 과연 즐겨 맛볼 만큼 유쾌한 감정일까? 사람은 쾌적한 감정만을 추구한다고 하는 것이 프로이트의 제1공식, 쾌락 추구의 원칙이다. 그렇다면 단순한 정신분석의 수법으로는 막혀 버리고 만다.

심리학에서 흔히 희로애락이라고 불리는 따위의 고등 감정에 대해서, 공포는 가장 미분화(未分化)되고 원시적인 감정 - 정동(情動)으로서 분류되고 있다. 이 정동에 의해서 일어나는 행동이 정동 행동이다. 즉 강한 공포에 몰려서 마구 도망쳐 버리는 것과 같은 행동을 말하는 것이다. 이를테면 영화관에서 불이 났을 경우, 먼저 도망치려고 사람들은 좁은 출구로 쇄도하여 압사를 당하거나 하는데, 이같이 공황에 빠져들면 인간도 서부극에서 친숙한 소떼의 폭주와 아무런 차이가 없는 행동을 취하게 된다.

분노 - 공격, 공포 - 도주의 정동 행동은 동물이 생명의 위험에 드러났을 경우에 취하는 긴급 반응이다. 따라서 고등 생물일수록 함부로 발동되어 공연한 손해를 입지 않도록, 충분히 발달한 대뇌의 신피질(新皮質)에 의해서 상위(上位)로부터 강한 브레이크가 걸려 있다. 그러나 불안이 단계적으로 높아져서 공포에 이르면, 이미 신피질의 이성의 브레이크가 듣지 않게 되어 인간은 도망치기 시작한다.

산속 노파의 집으로 갔던 꼬마 중에게, 어쩌면 마귀할멈이 아닐까 하는 불안이 일게 되자, 노파의 입이 귓전까지 찢어지기 시작한다는 정동에 의한 착각이 일어나서, 공포에 질린 꼬마 중이 마구 도망치기 시작하는 과정은 이같이 설명할 수 있다.

그러나 여기서 일부러 마귀할멈과 꼬마 중의 얘기를 끌어낸 데는 그 나름의 이유가 있다. 그것은 이 얘기 속에 사람이 왜 괴담을 좋아하느냐고 하는 수수께끼를 푸는 열쇠가 숨겨져 있기 때문이다.

세계 각국의 신화나 민화에는 수많은 괴담이 포함되어 있는데, 이상하게도 이 마귀할멈과 꼬마 중과 같은 도주담(逃走譚)이 많고, 더욱 놀랄 만큼 세부까지 비슷하다. J.그림의 동화『헨젤과 그레텔』은 과자의 집으로 유인되어 잡아먹히게 될 뻔한 도주담인데,『고지키(古事記)』에 나오는 이자나기노 미코토와 같이 쫓겨 달아나면서 뒤로 던진 것이 장애물이 되어 간신히 도망치게 되는 형식을 취하는 것에 한정하더라도, 각국의 민화에는 같은 형식의 것이 있고, 더구나 세부까지 형식적이라고 할 만큼 닮아 있다.

이자나기노 미코토는 황천의 여신들에게 잡히자, 머리에 썼던 장식용 덩굴풀을 뒤로 던졌더니 그것이 머루로 화했고, 다음에는 빗을 던지자 죽순이 되어 여신들이 그것을 먹어치우는 동안에 도망친다.

러시아의 마귀할멈 바바 야가의 집에서 도망쳐 나온 의붓딸은 타월을 뒤로 던지자 강이 되었고, 빗을 던지자 숲이 되었다.

인디오의 민화에서 숲속의 흡혈귀, 유루파치에게 쫓긴 막내딸은 세 번이나 가졌던 물건을 던져 그것들이 산과 강, 숲이 되어 무사히 도망친다. 최근에 주목을 끌고 있는 아프리카 민화에도 같은 도주담을 볼 수 있는데, 모두 도주자가 몸에 지니고 있었던 것이 장애물이 되어 도주를 도와준다는 공통성이 있다.

생각건대 붙잡히게 되어, 정신없이 물건을 뒤로 내던진다고 하는 것은 이 같은 긴급 사태에 놓인 인간이 무의식중에 취하는 공통의 반사적 행동일 것이다. 소지품을 버리면 몸이 가뿐해지고, 추적자가 그것에 정신을 빼앗기고 있는 동안에 달아날 시간을 벌 수 있다는 합목적성을 지니고 있다. 게다가 던진 것이 장애물이 되어 주었으면 하는 소박한 소망과도 연결되어 유사한 스토리를 형성했을 것이다.

이같이 세계 각국의 신화, 민화에 세부까지 흡사한 도주담이 무수히 존재한다는 것은, 단순히 줄거리의 전파만으로는 설명할 수 없으며, 이것은 역시 인류에 공통인 원체험(原體驗)에 근거하는 것이라고 생각하지 않으면 안 된다.

이제, 사람이 왜 괴담을 좋아하느냐고 하는 것을 해명하려다가 우리는 인류의 원체험이라고 하는 더욱 깊은 무의식의 층에 도달했다.

융은 자신의 임상 경험으로부터, 환자의 무의식 층에는 프로이트 수법으로는 설명할 수 없는 부분이 있다는 것을 느끼고 있었다. 또한 오랫동안 입원해 있는 어느 분열증 환자의 사고가, 신화에 나오는 얘기와 흡사하다는 데서부터 시대와 인종을 초월한 보편성에 주목했다. 융은 프로이트가 해명한 개인적 무의식의 보다 밑바닥에 인류 공통의 깊은 무의식의 층이 가로놓여 있다는 것을 상정하고, 이것을 보편적 무의식이라고 명명했다.

융의 이 수법은 처음으로 신화학(神話學)에 심리학적 접근을 가능케 한 것으로서 유명한데, 정신의학에서 주목되고 있는 것은 이것이 동물 심리학과 접점을 이루고 있기 때문이다. 우리 인간의 행동은 동물의 행동으로부터 환원적으로 설명할 수 있는 부분이 많다는 점에서, 원숭이의 행동과학이 저널리즘에 다루어지고 있다. 그러나 흔히 인간의 뱀에 대한 공포가 원숭이 시대로부터의 공포의 원체험이라고 하는 설명에 이의를 품는 사람도 많을 것이다.

그런데 인간이나 동물에 이 같은 공포의 원체험이 실제로 존재하는 것일까?

오랫동안 수상생활(樹上生活)을 하는 원숭이족에게는, 나무에 올라가 자고 있는 곳을 덮치는 뱀이 최대의 천적이었다. '벌거숭이 원숭이'였던 인류가 처음으로 뱀을 퇴치하는 데는, 철기 사용에 이르기까지의 수백만 년의 역사를 필요로 했다. 선천적 공포라는 것은 그런 종류의 모든 것에 공통이며, 시대와 나이를 초월한 공포를 말하는 것이나, 인간에게도 어둠이나 뱀, 미지의 인간에 대한 선천적 공포가 존재한다고 말하는 학자가 있다. 동물의 선천적 공포의 존재에 대해서는 실증되어 있으며, 그레이는 침팬지에게 선천적 공포가 있다는 것을 증명했고, 원숭이의 선천적 공포에 대해서는 마크스와 서케트의 실험이 있는데, 서케트는 이것을 선천적 해발 기구(先天的解發機構) — 개체 유지, 종족 유지에 의미가 있는 자극에만 선택적으로 반응하는 메커니즘 — 와 결부시켜 설명하고 있다.

신화라고 하는 것은 그 민족의 선사(先史) 시대로부터의 기억 흔적의 집적이라고 생각할 수 있다. 각국의 신화에 드래곤을 퇴치하는 얘기가 나오는 것은 그것이 오랫동안 인류의 최대 천적이었던 뱀에 대한 공포의 기억 흔적이라는 것의 증명이라고 생각하지 않으면 안 된다.

공포를 관장하는 뇌의 메커니즘

그러면 여기서 시각을 바꾸어 공포의 '신체적 메커니즘'에 대해서 생각해 보기로 하자.

생존 경쟁이 격심한 자연계에서 동물은 우선 자기에게 해를 줄 적이 있는지 주위를 잘 살피고 나서야 비로소 식사를 하고 수면을 취한다. 이때는 부교감신경계의 기능이 좋아지고, 혈압이 내려가며, 맥박이 완만해지고, 근육의 긴장은 저하하며, 내장의 혈류가 활발해져서 소화를 돕는다. 반대로 뇌의 혈류는 저하하여 중추신경이 진정되고, 동물은 졸음이 와서 숙면한다. 그러나 주위의 상황이 수상하고 언제 적의 습격을 받을지 모르는 상황에서는, 동물은 불안해지고 안정하지 못하며 언제든지 도주할 수 있는 준비 태세를 갖추고 있다.

W.B.캐넌은 동물이 적의 습격을 받아 싸울 것인지 달아날 것인지의 긴급 판단을 강요당했을 때, 혈중에 부신수질(副腎髓質) 호르몬인 아드레날린이 대량으로 방출되어 혈압이 올라가고, 맥박이 빨라짐을 실험을 통해 밝혀냈다. 또한 피부가 축축해지면서 닭살이 돋고, 근육의 긴장이 높아져서 언제든지 fight and flight — 싸우느냐 달아나느냐고 하는 양자택일 상태를 취할 수 있는 교감신경 항진 반응(抗進反應)이 일어난다는 것도 알아냈다.

H.셀리에는 동물이 스트레스에 드러났을 경우 뇌하수체로부터 부신피질 자극 호르몬(ACTH)의 방출이 증가하여 부신피질 호르몬(코르티솔)이 혈중에 증가한다고 하는 하수체 - 부신피질계 반응이 일어난다는 것을 발견했다. 이것이 유명한 셀리에의 스트레스 학설이다. 이때 혈중에 증가한 아드레날린이 뇌하수체의 ACTH를 증가시킨다는 것이 밝혀져 있다.

흥미롭게도 이것을 투여함으로써 동물에게 자유로이 공포를 일으킬 수 있는 공포 물질이라는 것이 존재하여, 그것에 이 ACTH가 관계하고 있다는 학설이 있다.

스탠퍼드대학의 레빈 등에 의하면, 쥐의 뇌하수체를 절제하면 쥐가 공포를 일으키지 않게 되었고, 반대로 ACTH를 다량으로 투여하면 공포를 일으켜서 여느 때는 무서워하지 않던 어둠마저 무서워하게 되었다고 한다.

또 베라대학의 앤거 등은 스코토포빈이라는 공포 물질을 추출했다고 발표했는데, 이 스코토포빈은 ACTH와 흡사한 화학 물질이라고 한다.

본래 불안이라고 하는 감정은 동물이 위험한 상황에 놓였을 경우 언제라도 긴급 반응을 취할 수 있도록, 자신을 교감신경 긴장 상태에 놓아두기 위한 중요한 신호이다. 이 불안이라고 하는 감정의 중추신경에서의 자리는 간뇌의 시상하부(視床下部)에 있다고 한다. 간뇌의 시상하부와 대뇌변연계(大腦邊緣系) 사이에는 밀접한 섬유 연락이 있어서 이 회로가 불안에 이어 일어나는 분노-공격, 공포-도주의 두 가지 긴급 반응을 선택하는 스위치로 되어 있다.

뇌에 전극을 이식한 동물 실험에 의하면, 고양이의 시상하부의 중앙 하부를 전기로 자극하면 고양이는 분노-공격의 반응을 일으키고, 시상하부의 앞 부위를 자극하면 공포-도주의 반응을 일으킨다. 즉, 시상하부에 이식한 전극으로부터의 전기 자극에 의해서 분노나 공포의 정동을 자유로이 일으킬 수 있는 것이다.

다시 말해, 공포라고 하는 정동의 자리는 간뇌의 시상하부라고 하는 중추신경의 낮은 레벨에 있다. 또한 이 레벨에서의 동물의 행동은 공격과 도주라고 하는 양자택일의 좁은 범위에 한정되어 있고, 더구나 강한 정동과 밀접하게 결부되어 있다.

감정적 행동과 이성적 억제 — 구피질과 신피질 —

그러나 이 정동 행동은 어디까지나 동물의 긴급 반응이다. 따라서 고등 생물일수록 함부로 발동되어 불필요한 손해를 입지 않도록, 잘 발달된 대뇌의 신피질에 의해서 이 구피질계의 정동 반응에 상위로부터 강한 브레이크를 걸고 있다.

이를테면 물고기를 잡는 경우를 생각해 보자. 미리 물고기가 도망갈 만한 곳에 그물을 쳐놓고 반대쪽에서 몰아대면, 척추동물 계열에서 가장 대뇌피질이 발달되어 있지 않은 물고기는 반사적으로 일어나는 도피 반응을 충분히 억제할 수 없기 때문에 쉽사리 그물에 걸려든다. 대뇌피질이 잘 발달되어 있는 고등 동물일수록 충격적인 도피 반응을 일단 억제하여 상황 판단에 의한 정확한 행동을 취해서 포획을 벗어난다.

다음의 그림은 척추동물 계열에서의 뇌 발달 진화를 보여 주는 것이다.

대뇌의 신피질은 파충류에서 비로소 나타나 있고, 고등 동물이 됨에 따라서 대뇌의 신피질이 차지하는 면적의 비율이 넓어지는 데 비해 정동을 관장하는 구피질의 크기의 비율은 그다지 변화가 없는 것을 알 수 있다. 이렇게 잘 발달된 신피질의 기능은 한마디로 말해서, 구피질계 행동에 대한 억제이며, 공포 등의 정동에 의한 충동 행동 억제이기 때문에, 상당히 큰 대뇌 면적을 필요로 한다는 것이 명백하다.

동물의 섭식 행동은 주로 본능의 자리인 구피질계에 바탕을 두는 욕구 행동인데, 이것을 일단 억제시키는 '유보'는 개에서는 20초가 한도라고 한다. 신피질이 발달한 침팬지에게는 5분 동안도 가능하나, 신피질의 발달이 개보다 못한 쥐나 토끼에서는 전혀 '유보'가 되지 않는다. 이 기다린다고 하는 기능은 동물에게는 중요한 의미가 있으며, 신피질 가운데서도 가장 발생이 새로운 전두엽이 이것을 관장하고 있는 것으로 생

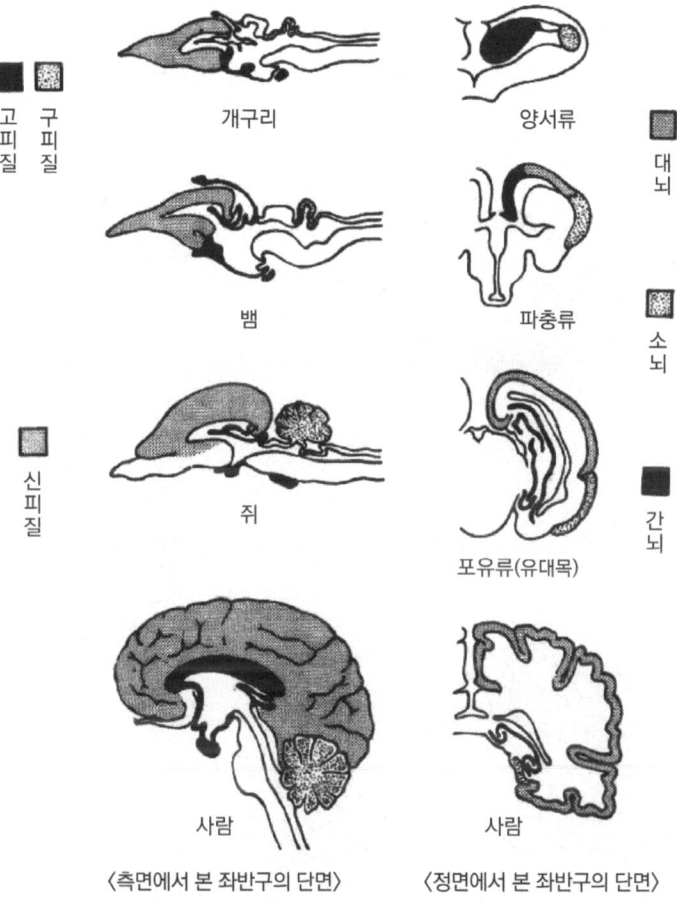

척추동물 계열에서의 뇌의 진화 | 파충류에서 나타난 신피질은 뇌의 진화에 수반하여 상대적으로 넓어지고, 인간에서는 신피질에 둘러싸여 고피질 또는 구피질은 안으로 밀려들어가 버린다(우). 또 소뇌, 간뇌와 비교하여 진화에 의한 대뇌의 크기에 증가가 두드러진다(좌). (도키자네에 의함)

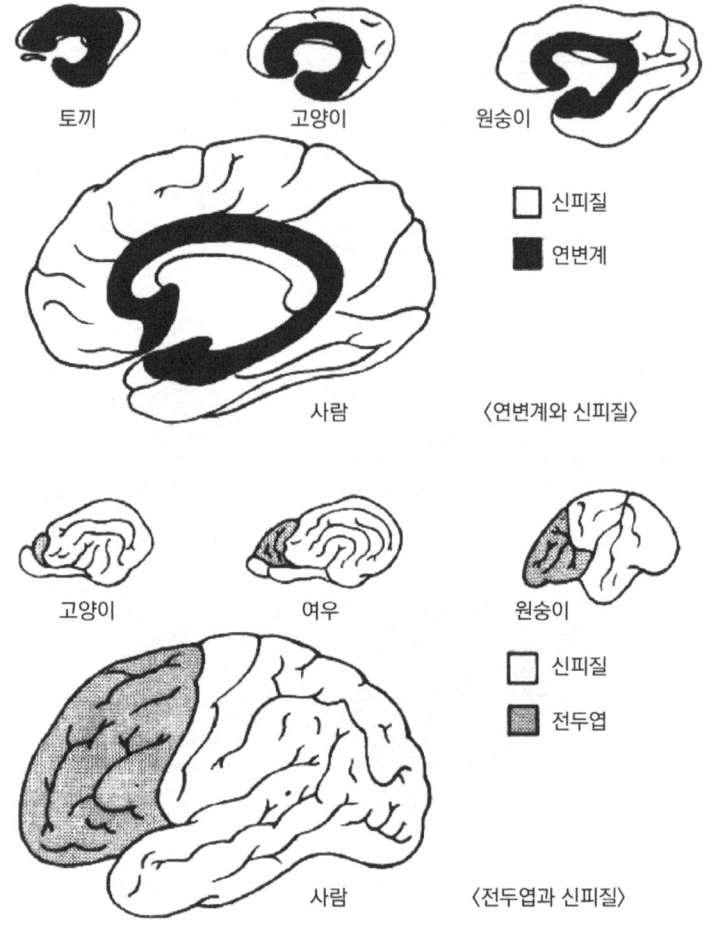

포유동물 계열에서의 대뇌변연계와 전두엽의 크기 비교 | 포유동물의 진화에 수반하여 신피질은 커지는데, 낡은 뇌인 변연계의 비율에는 그다지 변화가 없다(상). 신피질 중 특히 발생적으로 새로운 전두엽도 진화 과정에서 차츰 커진다(하).

각되고 있다. 그러나 인간이 먼저 최초로 습득하는 것이 위험한 행동의 억제이며, 고릴라의 새끼에 대한 교육은 금지뿐이라고 한다. 즉 신피질이 가장 발달한 인류가 지구의 정복자가 될 수 있었던 것은 그 강력한 억제력에 의해서 복잡한 적응 행동을 취할 수 있었기 때문이다.

인간 사회에서도 이성보다 감정에 지배되기 쉬운 구피질 인간이 부적응을 일으키기 쉬운 것은 동물계와 다를 바가 없고, 현재 이성적인 사람도 처음부터 그러했던 것은 아니다.

한 인간의 성장 발달은 생물의 진화 과정을 그대로 되풀이한다는 법칙이 있다.

가령 태생 4주째까지의 인간의 태아에는 새궁(鰓弓:아가미에 해당하는 원시 부위)과 꼬리가 있어 마치 물고기 같은 형상을 하고 있으며, 태생 3~4개월까지는 전신이 덥수룩한 털로 덮여서 쥐의 태아를 닮았다. 즉, 인간은 태아로서 자궁에 있는 동안에 물고기나 쥐로부터 인간까지 척추동물의 진화 과정을 재현한다. 또 태어나서도 곧바로 이성이 있는 인간이 되는 것은 아니다. 한 사람 몫의 문명인이 되는 데는 오랜 교육 기간이 필요하다.

어린이나 미개인의 심리는 문명사회의 성인의 심리보다 오히려 원숭이나 침팬지의 동물 심리에 가깝다. 어린이나 미개인이나 원숭이는 공포심과 호기심이 강하고, 낯선 미지의 것을 보면 펄쩍 뛰며 겁을 먹는다. 그러나 위험이 없다는 것을 알게 되면 금방 호기심을 일으켜 다가가 만지거나 움직여 보거나 하여 위험한 것이 아니라는 것을 확인한다. 이것을 탐색 행동이라고 하는데, 장난기가 강한 어린이나 침팬지는 놀이에

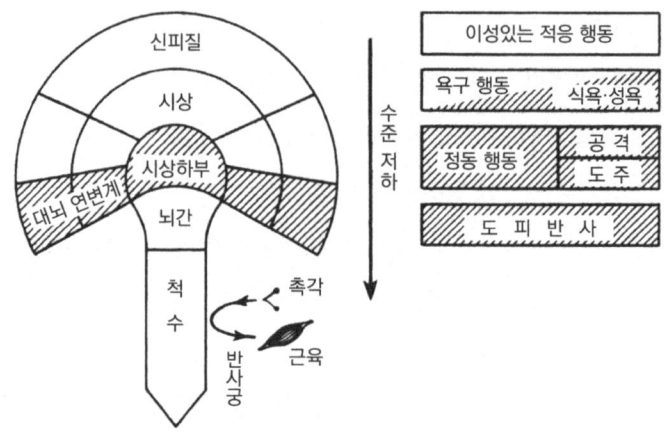

중추신경의 계층성과 행동의 계층성과의 관련도 (도키자네에 의함)

의해서 미리 위험한 것과 위험하지 않은 것을 구별해 두는 것이다.

이것은 공포에 익숙해지기 위한 일종의 훈련인데, 그레이에 의하면 인간은 '갑작스럽고, 신기하고, 강렬한' 자극에 대해 선천적 공포를 지니고 있다고 한다. 이러한 광범위에 걸치는 유아의 공포는 나이와 더불어 착실히 감소되어 간다. 이를테면 새로운 상황이나 커다란 소리에 대한 공포는 서너 살에서 두드러지게 줄어들고, 여섯 살이 되면 거의 나타나지 않게 된다고 한다.

문명사회의 성인이 웬만한 일에는 공포를 느끼지 않는 것은 어릴 적부터 이 같은 학습에 의해, 그것이 위험하지 않다는 것을 잘 알고 있기 때문이다. 이것에 반해 미개인이나 어린이는 미지의 것이 많으므로 공포의 대상도 많다. 그러나 공포에만 사로 잡혀 있어서는 생활할 수가 없으므로, 왕성한 호기심에 의한 탐색 행동으로 공포를 극복한다.

흔히 '무서운 것일수록 더 보고 싶다.'는 것은 이 같은 사실을 가리키는 것이며, 어린이가 괴담을 좋아하는 것은 이러한 심리의 메커니즘에 의한 것이다.

그러나 대뇌피질이 충분히 발달한 현대 사회의 성인이라도, 불안이 단계적으로 증폭되어 어느 한계량을 넘어 마침내 공포의 단계에 이르면, 이미 상황 판단에 의한 신피질의 이성의 브레이크가 듣지 않게 된다. 이로 인해 인간은 구피질계의 정동 행동이 지배하는 대로 도주 반응을 일으켜 버린다.

앞의 그림은 도키자네(時實利彦) 씨의 대뇌변연계의 모식도를 참고로 하여 작성한 중추신경계의 계층적 구조와 행동의 계층 구조와의 관련도이다. 신경계의 가장 저위의 자극인 반응형은 척추 레벨에서의 해머로 무릎을 두들기면 다리가 꿈틀하고 위로 올라가는 반사이다. 이 척추 반사를 뇌간의 신경핵이 상위로부터 지배하고, 그 뇌간의 신경핵을 대뇌변연계가, 또 그 대뇌변연계를 신피질이라는 식으로 계층적으로 신경 지배가 이루어지고 있다. 독물 등의 원인으로 신경계가 침범될 경우 가장 저항력이 약한 것은 보다 고차적인 신피질이다. 그러므로 신피질이 침범당한 경우는 대뇌변연계가 신피질을 대신하고, 변연계가 당하면 뇌간의 신경핵이 이것을 대신하는 식으로 차례차례로 그 하위의 신경 기능이 그 생체를 지배하게 된다. 이것을 '잭슨의 법칙'이라고 하는데 이 구체적인 예로는 술을 마신 경우를 생각해 보면 이해하기 쉽다.

	혈중농도(%)	증 상
1기	0.05~0.10	거나하게 취함, 억제 제거, 불안, 긴장 감소, 쾌활, 안면 홍조, 반응 시간 지연
2기	0.10~0.15	말이 많아짐, 감각 경도 둔마, 손가락의 떨림, 대담, 감정 불안정
3기	0.15~0.25	충동성, 졸음, 평형감각 마비(비틀거림), 감각 둔마, 복시, 언어 불명료, 이해와 판단력의 장애
4기	0.25~0.35	운동 기능 마비(호행 불능 등), 안면 창백, 오심과 구토, 혼수
5기	0.35~0.50	혼수, 감각 마비, 호흡 마비, 죽음

알코올 혈중농도와 대취 정도

신피질은 알코올에 약하다

알코올은 의학적으로는 가장 작용이 약한 마취제이지만, 상당한 다량을 마셔도 혈액 뇌 관문(血液腦關門)이라는 관문에 저지되어 혈중으로 들어간 알코올은 뇌에 조금밖에 이르지 않는 구조로 되어 있다. 그러므로 알코올의 혈중농도가 상승함에 따라서 가장 고등한 신피질의 기능이 먼저 침범되고, 이어서 대뇌변연계로 미치고 생명 유지에 필요한 호흡 중추 등이 있는 연수에는 좀처럼 작용이 미치지 않는다. 이 같은 고차적인 것으로부터 저차적인 것으로의 뚜렷한 계층적인 결락(欠落)을 볼 수 있다.

앞에 든 표는 알코올의 혈중농도와 주정도와의 관련을 보인 것이다.

제1기는 차츰 알코올에 의해 이성이 마비되기 시작하면서, 간신히 신피질의 기능이 유지되고 있는 상태다.

제2기에서는 이성이 완전히 마비되어 대담해지고, 평소에는 입 밖에도 내지 못하던 언동이 나타난다. 즉, 이 시기는 인간이 대뇌변연계에 지배되어 욕구 행동으로 나오는 시기다.

제3기는 사람이 분노나 공포라고 하는 격렬한 정동에 의해서 충동적 공격이나 맹목적인 도주 등의 정동 행동에 지배되는 시기다. 이 정동 행동은 매우 위험하여 일반인이 경험하는 일은 드물지만 주사가 심한 사람을 생각해 보면 다소 이해가 갈 것이다.

주사가 심한 사람은 다음 날에는 난폭한 행동을 취했던 일을 전혀 기억하지 못한다고 우기는 일이 흔히 있다. 이것은 전혀 거짓말을 하고 있는 것은 아니며, 토막토막으로 기억하는 복잡한 주정과 어느 기간의 기억이 전혀 없는 병적 주정의 두 가지 경우가 있다. 간혹 흥분이 심한 이 시기에 살인이나 방화 등의 범죄를 저질러 정신 감정을 받게 되는 예도 많다.

이전에 일류 대학을 졸업한 엔지니어가 만취가 되어서 평소에 사이가 좋지 않았던 동료를 죽인 사건이 있었다. 그는 그 범행에 대해서 전혀 기억이 없다고 주장하기 때문에, 그 정신 감정을 필자의 은사이신 미우라(三浦岱榮) 교수가 담당하게 되었다. 이런 경우 범행 시와 되도록 가까운 조건으로 하여 관찰하는 재현 시험이 실시된다. 그는 병동의 홀에서 사건 때의 음주량에 해당하는 청주를 교수와 감정 조수의 대작으로 조금씩 마시게 되었다.

술이 취하지 않을 때의 그는 일류 대학을 졸업한 엘리트답게 지나치리만큼 은근한 태도의 신사로서 자꾸 어려워하면서 술잔을 거듭했다.

네 홉이 조금 지났을 무렵일까, 눈알이 바뀌며 한 옥타브쯤 목소리가 커졌는가 싶더니 별안간 벌떡 일어서며 "워!"하고 짐승처럼 으르렁거리며 험상궂은 얼굴로 느닷없이 교수에게 덤벼들었다. 바로 하이드 씨가 출현한 것이다. "이것 야단났군…"하고 교수가 쏜살같이 넓은 홀을 뛰쳐나갔다. 뒤에 남은 조수의 비명으로 여러 사람이 달려들어 날뛰는 그를 겨우 잡아 앉혔다.

이같이 강한 정동에 수반되는 정동 행동은 인간이 완전히 맹수의 레벨로 떨어지는 무서운 것이다.

이와 똑같은 상태가 마취, 두부 외상, 인슐린 쇼크 요법 등에서의 의식 장애가 있는 시기에 나타난다.

인슐린 쇼크 요법이란 향정신제가 등장하기까지 정신과에서 흔히 인슐린 주사로 저혈당에 의한 무산소증을 일으키게 하는 쇼크 요법이다. 뇌는 무산소 상태에 가장 약하기 때문에 시간이 경과함에 따라, 먼저 신피질로부터 구피질, 뇌간 기능으로, 상위에서부터 하위로의 멋진 신경 기능의 결탁이 일어난다. 30년 전에 향정신제가 개발되기까지는 이 인슐린 쇼크 요법 외에도, 머리에 100볼트의 전기를 거는 전기 쇼크 요법, 전두엽의 섬유 연락만을 절단하는 로보토미(Lobotomie) 등의 공포 쇼크 요법이 행해지고 있었다.

이러한 생체에 강렬한 요동을 주는 쇼크 요법의 치료 이념은, 모두 일단 인간을 갓 태어난 유아기로 퇴행시켜서 재교육해 가는 퇴행-재생 논리을 바탕으로 하는 것이었다. 그러나 그 근저에는 정신병은 낫지 않기 때문에 죽는다 해도 본전이라는 생각이 전혀 없었다고는 단언할 수 없을 것이다.

태곳적의 괴담은 교육이었다

최근에는 고대사(古代史) 붐이 일고 있는 듯하다. 『위지·동이전(魏志·東夷傳)』에 있는 2, 3세기경의 일본에 있었다고 하는 야마타이 나라(邪馬台國)의 유적이 아닐까 하고 조사된 동굴 속으로 들어가는 이상한 행위도 쇠퇴한 주술(呪術)의 힘을 일단 죽음으로써 재생하는 '재생 주례(再生呪例)'일 수도 있다는 설명이 있다. 그렇다면 쇼크 요법 시대에서는 기이하게도 정신과 의사가 사제가 되어 '재생 주례'를 하고 있었다는 얘기가 된다.

이 근대적 재생 주례인 인슐린 쇼크 요법에서 볼 수 있는 가장 낮은 퇴행 상태는 혼수 전기에 나타나는, 통각 자극에 대해 무의식적으로 몸을 도사리는 도피 반응이다. 이 도피 반응이야말로 아메바의 위족 반응(僞足反應)으로부터 A. 쿤이 말하는 짚신벌레의 공포 반응까지의, 모든 생물에 갖춰진 계통 발생적으로 가장 오래된 원시 반응인 것이다. 이를테면 한번 회전 도어에서 혼이 난 개는 일생동안 회전 도어를 피해 다닐 뿐만 아니라 회전 도어가 있었던 자리에도 가까이 가지 않는다고 한다.

K. 로렌츠에 의하면 이 같은 외상 체험(外傷體驗)에 의해 초래되는 기

피 반응은 모든 종(種)에게 우선적으로 획득되는 학습 체험이며, 그 공포의 기억은 일생동안 씻어 버릴 수가 없다고 한다.

적의 습격을 받은 도마뱀은 꼬리를 남기고, 게에게 천적인 문어를 들이대면 끈으로 비끄러매어진 다리를 남기고 쏜살같이 도망가는데, 이 공포-도주의 패턴이야말로 모든 생물에게 공통인 외상성 기억 흔적으로서 그 종에게 대대로 계승되어 공포의 원체험을 형성한다.

생각건대 인류의 기억에서 최초로 가장 강렬하게 새겨진 것은, 자기가 잡아먹혀 버린다는 공포의 체험이었을 것이다. 오바야시(大林太良) 교수는 저서 『신화학(神話學) 입문』에서 각 민족에게 비슷한 신화가 많은 이유에 대해 전파설(傳播說)을 취하고 있다. 필자는 적어도 각국의 신화, 민화에서 무수히 볼 수 있는 놀랄 만큼 공통된 도주담은, 이 인류에게 근원적인 공포 체험을 반영한 것이라고 생각한다. 아마도 그 시초는 피해야 할 위험을 가르치는 교육으로서 얘기되었으며, 이후 종교적 의식이나 금기 등이 결부되어 지금과 같은 형식의 도주담이 되었을 것이다.

그러나 인류가 강대해져서 외적이 모조리 정복된 현재, 현실적 위험을 가르친 도주담은 본래의 의의를 상실하고, 그것이 가장 자극적이라고 하는 오락성만으로써 전승되게 되었다.

그렇지만 우리가 괴담을 좋아하는 마음의 깊숙한 밑바닥을 살펴보면, 거기에는 선사 시대로부터의 인류의 기억 흔적이 잠재해 있다.

2. 인간은 왜 환각을 보게 되는가?
환각의 논리

정신의학이라고 하는 것은 실로 폭넓은 학문으로서 인체의 구조를 다루는 생리학에서부터 마음의 작용을 연구하는 심리학, 나아가서는 사회학의 영역에까지 걸쳐있다.

지금까지의 얘기는 아무래도 생리학적인 것이 중심으로 되어 버린 느낌이 있으므로 "유령이 환각이라는 것은 알고도 남는 일이다. 여태까지의 얘기는 어떤 경우에 환각이 일어나는가를 나열한 것일 뿐, 논리의 전개나 일관된 사상성이 없지 않으냐?"고 하는 불만을 갖는 독자도 있을 것이다. 그래서 다음에는 환각의 논리에 대해서 생각해 보겠다.

생리적 욕구

엄밀하게 조건을 균일하게 한 환각 실험에서도 실험실에 넣어진 모든 사람이 환각을 일으키는 것은 아니다. 환각의 내용도 피험자의 성격과 결부되어 있기 때문이다.

환각을 일으키는 마음 구조의 깊숙한 밑바닥에 감춰져 있는 것은 도대체 무엇일까? 지금까지 열거한 사례를 바탕으로 정리해 보기로 한다.

가장 단순한 논리는 개체의 욕구의 충족으로서의 환각이다.

성냥팔이 소녀가 희미한 성냥불 속에서 최초로 본 것은 따스한 난로이고, 이어서 본 것이 먹음직스런 칠면조 요리였으며, 마지막에 본 것은 자기를 귀여워하시던 할머니의 환영이었다.

즉, 환각은 욕구 중에서도 가장 절실한 것에서부터 나타나는 것이다. 북유럽의 엄동 속에서 동사 직전의 소녀에게 무엇보다도 절실한 것은 얼어붙은 몸을 녹이는 일이었고, 소녀는 순간적인 불길 속에 석탄으로 빨갛게 달구어진 난로의 환영을 봄으로써 첫 번째 욕구가 우선 충족된다. 이어서 나타나는 것이 칠면조 요리, 즉 굶주림의 욕구에 대응하는 환각이다.

이 두 가지는 심리학에서는 개체의 생명 유지에 필요한 기본적인 욕구라는 데서 생리적 욕구 또는 일차적 욕구라고 불린다.

이 일차적 욕구가 충족되고 생명의 위험이 없어졌을 때에 비로소 사회적 욕구, 즉 이차적 욕구가 나타난다. 즉 누군가에게 사랑을 받고 싶다, 받아들여지고 싶다, 인정을 받고 싶다고 하는 심리적 욕구이다.

가련한 소녀는 알코올 중독의 아버지에게 학대받고 그 방파제 역할을 하시던 어머니마저 방금 잃었다. 그 어머니도 또한 난폭한 남편에게 시달리고 가난에 쫓겨, 소녀를 위로해 줄 정신적 여유가 없었을 것이다. 소녀의 생명이 다하려 할 때에 떠오르는 것이 어머니가 아니라 할머니였다는 슬픔이 더욱 읽는 이의 눈물을 자아내게 한다.

성냥팔이 소녀와 마찬가지로 생명의 위험에 드러난 탐험가들의 환각은 곧바로 생리적 욕구에 결부된 것이 많다.

실크로드의 사막으로부터 생환했을 때, 10분간에 3ℓ의 물을 단숨에 마셨다고 하는 스벤 헤딘이 작열하는 사막에서 본 것은, 철철 넘치는 물을 담은 오아시스의 환영이었다. 눈산에서 동사한 등산가가 임종에서 본 것은 전기난로의 환영이었다. 100여 일을 식량도 없이 푸른 섬을 찾아 헤매어 태평양을 표류한 마젤란이 본 것은 애타게 찾던 육지의 환영이었다. 깊은 산속에서 1년 동안을 혼자서 살아야 했던 산지기 소년의 고독을 달래 준 것은 밤마다 꿈속에서 찾아간 여신의 집이었다.

사람은 욕망에 굶주렸을 때 그 갈망하는 것을 환각에 의해서 간신히 채워가는 것이다.

퇴행의 논리 — 마약 문화

티모시 리어리에 의해 사용된 LSD가 대학의 캠퍼스로부터 삽시간에 온 미국으로 유행한 것은 어째서일까?

베트남전쟁에 의한 배덕과 절망의 수렁의 현실로부터 도피하기 위해 미국의 청바지 족들은 LSD와 마리화나 담배에 의한 순간적인 실수로, 문자 그대로 영영 좌절되고 말았다. 일본에서도 가혹한 수험 전쟁에서 탈락한 소년

소녀들은, 한 개 50엔짜리 접착제에 의한 상상 환시에 의해서 슈퍼맨적 만능감을 맛보고 상처 입은 자존심을 자위했다.

빈곤과 그리스도교의 계율에 얽매인 중세 농가의 과부가, 벨라돈나의 도움을 빌어 꿈꾸는 사바도의 야연의 환각은 의심할 바 없이 평소에 억압된 성욕의 해방이었다.

청나라 말기에 유행한 아편도 긍지 높은 한민족에게, 정복당한 왕조의 압제가 가져다주는 현실을 잊게 하기 위한 것이었다.

정신분석 학파에 의하면 알코올 중독의 심리도 모유 대신 젖병을 빠는 것이며, 유아기로의 퇴행 현상이라고 할 수 있다.

현대처럼 관리 사회화가 발달하고, 경쟁이 치열해지고, 인간 소외의 환경이 진행될 때, 사람들은 손쉽게 구할 수 있는 마약의 환각으로 일시 퇴행하여 영혼의 갈증을 채우려고 한다.

환각 논리의 둘째는 곧 퇴행의 논리인 것이다.

양심과의 갈등

정신병자의 환각도 이 같은 병적 방위의 메커니즘에 의해서 설명할 수 있는 것이 많다.

그렇다면 이우에몽이 본 오이와의 얼굴은, 하리마를 괴롭히는 오기쿠의 목소리는, 또『괴담 가사네가 후치』의 갖가지 환각은 이 퇴행의 논리로써 설명할 수 있을까?

그들은 죄악감에 시달려 심인 반응을 일으키고 있었다. 그들에게 달라붙은 환각은 자신의 양심과의 갈등에 의한 산물이었다.

사련(邪戀)에 빠져, 방해가 되는 오이와를 학대해 죽인 이우에몽은 신방에 들려는 순간 오이와의 얼굴로 착시하여 신부의 목을 친다. 갖은 악행을 다한 이우에몽에게도 역시 양심의 가책은 있어서, 일이 이루어지는 순간에 양심이 비쳐내는 자신의 악행의 환영을 보게 되는 것이다.

술과 노름으로 방탕을 거듭하는 윌리엄 윌슨 앞에 나타나 꾸짖는 자기의 분신은, 공교롭게도 포가 서문에서 썼듯이 자신 양심의 그림자였다. 양부 아람의 기대를 배반하며 배덕의 나날을 보내는 포의 마음을 괴롭혔던 것은 양육해 준 은혜에 보답하지 못하는 문학에의 이끌림이었다.

즉 환각 논리의 셋째는 양심과의 갈등이다.

종극에 있는 것은 콤플렉스

그렇다면 포가 본 큰 까마귀의 환영은 무엇으로 설명할 수 있을까?

알코올 금단 때의 환영에서도 환각의 내용은 결코 환자의 내면과 무관할 수는 없다.

포의 큰 까마귀의 환영은 가장 사랑하는 어린 아내 버지니아에게 다가오는 죽음의 그림자인 동시에, 어린 나이에 어머니를 똑같은 병으로 잃은 포의 마더 콤플렉스와 깊이 연결되어 있다. 한이 멜헨의 모습에다 의탁한 설녀(雪女)의 환상도 또한 어려서 생이별을 한 어머니에 대한 사모의 그림자였다.

브루투스가 필리포이익 전투 전야에 본 흉측한 망령은 단면성 환각으로 모두를 설명할 수 있는 성질의 것일까?

대규모의 단면 실험에서는 전혀 환각을 일으키지 않는 사람도 있었다. 브루투스의 환각은 틀림없이 그의 마음속에 있던 부친을 죽인 콤플렉스에 의한 것이었다. 브루투스는 카이사르가 자기의 부친일지도 모른다는 가능성을 마음 한구석 어디엔가 인정하고 있었던 것이다.

햄릿이 옛 성벽에서 들은 부왕의 목소리는 무엇이었을까? 그것은 의심할 바 없는 오이디푸스 콤플렉스의 투영이었다.

가혹한 수행에 생명의 위험을 느끼고 무의식중에 싯다르타가 바치는 젖 미음을 마신 석가모니에게 악마는 이렇게 속삭인다. "네 안색이 몹시 나빠. 이대로 간다면 해탈하기 전에 죽어버릴 것이다."

득도를 위해 왕위도 처자도 버린 석가의 굳은 마음을 위협하는 것은 역시 죽음의 불안이며, 이어서 석가의 마음속에 잠자는 번뇌가 비쳐서 만화경 같은 보리수 밑에서 악마가 내려오는 환각으로 나타나는 것이다.

즉 환각 논리의 마지막에 있는 것은 극한 상태에 놓여서 드러난 그 사람의 콤플렉스의 그림자이다. 사람의 정신 구조는 평소 복잡하게 무장되어 바깥으로부터는 엿볼 수가 없다. 그러나 심신이 모두 극한 상황에 놓이고 그 방위(防衛)가 느슨해지면, 우리는 환각이라는 거울을 통해서 그 사람의 마음 밑바닥을 들여다 볼 수가 있다.

환각은 바로 극한 상황에서의 환경과 그 사람의 성격과 반응의 전부인 것이다.

3. 유령의 국가성
괴담의 비교 문화론

여기서 괴담의 비교 문화론을 시도해 보기로 하자. 최근에는 초자연적(occult) 문학 붐이 일고 있으나, 서양의 여러 가지 괴기 소설, 괴담의 주인공들은

1. 발칸 반도의 전설을 바탕으로 한 흡혈귀 드라큘라, 여자 흡혈귀 카밀레 계열
2. 지킬과 하이드, 프랑켄슈타인 등의 계열
3. 악마 자체의 화신(化身)이거나, 그것을 모시는 마법사, 마녀 계열
4. 그것이 근대적인 모습을 취한, 신에게 위배되는 연구를 했기 때문에 파멸한 파우스트 박사의 전설에 바탕을 두는 계열

등이 주류를 이루고, 일본의 유령처럼 피살당한 원령 따위는 주류가 될 수 없다. 즉 서양 유령은 고마운 신의 가르침을 배반하는 악한들로서, 애욕이 갈등의 원인인 망령 따위는 창피스러워 얼굴을 쳐들고 등장할 수 없다.

그리스도교와 같이 절대 일신교가 지배하는 서구 사회에서는 일찍이 이교의 신들이나, 그들 사악한 신들을 받드는 것들은 모두 악마로 취급

악마의 모습(들라크루아 그림)

되었다. 또한 맹렬하게 탄핵받는 역사에 의해서, 서양 유령들은 그리스도교에 대한 이단자가 주류를 차지하게 되었다. 이점이 오이와나 오기쿠와 같은 개인의 원령이 주류가 되어 있는 일본의 유령계의 사정과 크게 다른 점이다.

다음으로 서양 유령은 의외로 유행에 민감하여, 중세의 마법사가 시대에 따라 연금술사, 영매자(靈媒者) 등으로부터 악마적인 과학자로 탈바꿈하여 나타난다. 또 심령 실험과 혼동되는 폴터가이스트(poltergeist)라는 현대적인 유령도 나타난다. 이 폴터가이스트라는 것은 독일어로 '소란한 유령'이라는 뜻인데, 모습을 나타내지 않고 테이블을 덜거덕거리며 움직이거나 식기를 뒤엎거나, 공중으로 들어 올려서 떨어뜨리거나 하여 소란을 피우는 유령을 말한다.

폴터가이스트의 오래된 기록으로는 1649년, 영국의 우드스톡 지방에 숙박한 두 사람의 공무원을 괴롭힌 유령에 관한 것이다. 이 유령은 한밤중에 의자와 테이블을 뒤엎고, 접시를 깨고, 베드의 시트를 걷어내고 심지어는 굴뚝으로부터 벽돌을 던졌다고 한다.

최근의 것으로는 1958년 롱아일랜드의 어느 경비원의 집에서 루실 부인과 13세의 딸, 그리고 12세의 아들 세 사람이 온갖 액체가 든 병이

딸각딸각 춤을 추기 시작하고, 마침내는 옷장, 스테레오, 백과사전까지 공중에 날아올라 광란하는 것을 보았다는 보고가 있다. 이 폴터가이스트 소동의 중심에는 사춘기 소녀가 연관되어 있는 경우가 많은 것 같다.

필자는 처음에는, 서양에서는 애욕의 갈등으로 살해된 여자의 원령 같은 것은 적지 않을까 하고 생각했었는데, 자세히 조사해 본즉 이런 유령이 없는 것은 아니다.

영국 에식스 주의 볼리 목사관에는 수도승과의 사련 때문에 벽 속에 생매장된 마리라는 수녀의 유령이 목 없는 말이 끄는 마차를 타고 나타난다는 얘기, 임신을 하여 결혼을 강요하다가 사나이에게 살해된 소피 메이슨의 유령이 나타나는 남프랑스의 별장 얘기, 전처의 생령이 후처의 팔을 시들게 했다는 남잉글랜드 지방의 실화에 근거한 T. 하디의 단편 등이 있다. 그러나 이들 원령도 오이와나 오기쿠와 같은 일본의 유령과는 다음과 같은 점에서 확실히 다르다.

서양 유령은 일본의 유령과는 달리 요괴적인 요소가 강하고,

1. 어느 특정 장소 — 대개는 범행 현장인 경우가 많다 — 밖에 출현하지 않으며,

2. 누구에게나 그 모습을 드러내 보이며,

3. 일본의 유령처럼 직접 범인에게 복수하는 것이 아니라, 범행 장면을 재현해 보여 사람들에게 범행이 있었다는 사실을 알리는 간접적인 방법을 취한다.

즉 서양 유령은 사람에게 달라붙는 개와 같은 형식의 일본 유령과는 달리 장소에 달라붙는 고양이와 같은 타입이다. 유령이 장소에 달라붙는 얘기로 말하면, 유령의 본고장인 영국에서는 유명한 유령 가옥이 여러 개가 있는데, 런던 근교에 있는 이들 유령 가옥을 둘러보는 관광 여행 계획이 짜지고, 그 안내서까지 출판되고 있다고 한다.

그중에서도 역사상 수많은 정치범의 참수형으로 유명한 런던탑에는, 생긋이 웃으면서 사형 집행인의 큰 도끼 밑에 가냘픈 목덜미를 내밀었다고 하는 앤블린의 유령이 나타난다고 한다.

여러 가지 전설로 물들여진 유럽의 옛 성은 유령의 좋은 안식처로서, 고딕 소설의 원조인 『오트란토 성』은 본시 이탈리아의 옛 성이며, 스페인의 기즈몬드 성에는 방탕하기 짝이 없는 남편에게 살해된 일족의 미녀 이네스의 망령이 나타나 살해 장면을 재현한다고 한다.

그러나 이들 유령은 일본의 유령처럼 양심의 가책에 시달리는 범인에게만 보이는 것이 아니라, 아무 상관도 없는 누구에게나 그 모습을 보인다고 한다.

극단적인 경우는 남프랑스의 별장에서 살해된 소피 메이슨의 유령처럼, 주위 사람들에게는 모습이 보이는데도 40년 만에 돌아온 범인은 그것을 눈치채지 못하는 예가 있다. 또 그 복수 방법도 앞에서 말했듯이 간접적이다.

서양 유령이 이 같은 간접적 복수를 하는 것은 도대체 무슨 까닭일까? 나쁜 짓을 했을 경우 일본인은 우선 남의 이목에 신경을 쓰는데, 서구

런던 탑 | 일찍이 이 안에서 숱한 음참한 처형이 행해졌다.

인은 자신의 양심과의 대결을 문제로 삼는다고 한다. 이와 관련해서 『국화와 칼』의 저자인 R. F. 베네딕트는 중국이나 일본은 '수치'의 문화권인 데 반해, 그리스도교인 서구는 '죄'의 문화권이라고 지적하고 있다. 이것은 탈 종교색이 강한 중국이나 일본의 사회에 비해서 서구 사회에서는 아직 그리스도교의 영향이 강하게 남아 있다는 것을 시사하고 있다.

그런데 세상의 이목보다 자신의 양심과의 문제를 중시하는 서구 사회에서 유령이, 범인의 양심보다도 전적으로 세상의 평판에 보다 적극적으로 대응한다는 것은 얼핏 보기에 모순이라고 생각된다. 그리스도교에서는 최후의 심판이라는 것이 반드시 행해지기 때문에, 유령도 범죄가 있었다는 것을 공시해 두기만 하면, 범인은 반드시 신이 단죄해 주리라는 안도감이 있기 때문일까? 그러나 불교에서도 지옥과 극락의 가르침은 존재한다.

진짜 이유는 직접 유령에게 물어볼 수밖에 없는 일이지만, 서구 사회에서 세상의 이목보다 신과의 대결을 중시한다는 것은 어디까지나 명분일 뿐이고, 본심은 서구 사회가 동양보다 월등히 체면을 중시하는 것이 아닌가 생각된다.

일본의 사회에서는 잃어버린 사회적 신용을 쉽게 되찾을 수 있는 경우도 많아, 몇 번이나 도산을 위장한 회사가 끄떡없이 번창하고 있는 경우도 있지만, 서구 사회에서는 일단 신용을 잃게 되면 끝장으로 평생토록 아무도 상대해 주지 않는다는 엄격함이 있다고 한다.

어쨌든 범인은 살인이라는 큰 죄를 범하고도 태연히 사회생활을 하고 있는 인간이다. 이런 파렴치한 인간의 양심을 책하기 보다는, 당사자의 가장 약점인 세상에 대한 체면을 손상시키는 편이 효과가 있다는 이치가 아닐까?

서양 유령은 역시 머리가 좋은지도 모를 일이다.

일본의 유령

일본 유령의 특징은 무엇일까?

일본을 대표하는 유령이라면 누구나가 『요쓰야 괴담(四谷怪談)』의 오이와를 상기할 것이다. 오이와의 유령에는 일본 유령의 특징이 모조리 갖춰져 있기 때문에 여름철마다 상연되고 있다.

일본의 유령에 대해서는 여러 가지로 거론되고 있으나, 그 특징을 한 가지만 든다면, 그것은 유달리 집념이 강하다는 점이다.

'쳐 죽여도 다시 나타나는 오이와의 유령'이라는 말이 있듯이, 오이와의 유령은 끈질기게 이우에몽에게 달라붙어 오우메나 기베로 옮겨가고, 쵸베를 목 졸라 죽이며, 이우에몽 모친의 목젖을 물어뜯어 죽이지만, 직접적으로는 이우에몽을 죽이지 않고 착란증으로 몰아넣는다. 이우에몽이 남의 손에 죽어도 오이와의 원한은 사라지지 않으며 지금도 『요쓰야 괴담』을 상영할 때는 오이와의 사당에 고사를 지내지 않으면 탈이 난다고 한다.

참으로 보통의 집념은 아니다.

그러나 이 끈질긴 집념은 오이와의 성격과 관련된 것이 아니라, 일본 유령의 특징에 지나지 않는다.

우에다(上田秋成)의 『기비쓰(吉備津)의 가마』에 나오는 이소라라는 여자는, 믿었던 남편이 배신하여 다른 여자와 도망치자 병들어 죽는데, 죽기 직전에 이소라의 생령은 서울로 남편과 도망을 친 오소데에게 달라붙어 그녀를 죽이고 만다. 남편은 성묫길에 유인되어 이소라의 죽은 혼령을 만나게 된다. 새파랗게 질린 남편은 무당에게 상의한다. 이소라의 원한은 오소데를 죽이고도 풀리지 않았으므로, 앞으로 42일간을 근신하여 조심하면 화를 면할지도 모른다고 부적을 써 주었다. 이소라의 망령은 부적에 저지되어 집으로 들어갈 수가 없어, 날뛰면서 41일간을 집 주위를 맴돌고 있었는데, 마침내 마지막 날 밤에 옆집 사람의 목소리를 흉

내내어 남편을 밖으로 꾀어내어 죽여 버린다.

그 방법도, 절규에 놀란 옆집 사람들이 달려와 본즉, 벽에는 많은 피가 흘러 있고, 지붕에는 사나이의 상투가 걸려 있는 처참한 것이었다.

참으로 오이와에 못지않은 집념이다.

이것에 비하면 외국의 유령은 생각보다 담백하다.

카이사르의 유령은 내일 필리포이에서 만나자는 약속을 하자 모습을 감추었고, 햄릿 부왕의 혼령도 햄릿을 불러내어 복수를 부탁하고는 두 번 다시 모습을 나타내지 않는다.

또 앞에서 말했듯이 서양 유령은 나타나는 장소가 대체로 정해져 있다는 점에서 요괴적이며, 자기가 살해된 장소에 나타나서 남에게 그 범행을 재현시켜 보일 뿐, 일본의 유령처럼 하수인을 따라 다니며 직접 복수하는 일은 없는 것 같다.

이웃나라 중국에도 원령은 적지만, 향시의 시험장에서 원수를 죽이려다 실패한 하녀의 유령처럼 히스테릭이 된다. 그 대신 훼방을 놓은 여관 주인을 죽이겠다고 분풀이를 하지만, 교활한 주인이 달래면서 지전을 태우고 불경을 올려주자 감정이 풀려서 싱끗 웃고는 모습을 감춘다. 도저히 일본 유령의 근성에는 당할 수가 없다.

오이와나 이소라의 끈질긴 집념은 어디서부터 온 것일까? 일본인은 외국인에 비해 특별히 집념이 강한 것일까?

그러나 일상의 일본인의 반응을 보노라면, 일본인만큼이나 담백한 인종은 없는 듯하다. 미국이라면 금방 린치라도 서슴지 않을 범죄자가 잠시 후에는 이상하게 동정을 받거나, 외국에서는 전후 40년이 지나서도 나치 색출이 끊이지 않는데도, 10년도 채 못되어 전범이 수상이 되는 나라이다. 자칫 옛날의 원한을 들춰내기라도 하려하면 언제까지나 시원시원히 떨쳐 버리지도 못하는 구질구질한 놈이다, 배포가 작다, 그 따위는 물에 흘려 보내라는 등 욕설을 듣기 일쑤다.

서양인은 육식 인종이기 때문에 사랑과 미움이 짙다고 치고, 동양인이라면 어떨까?

중국에 『제포 연련(綈袍戀戀)』이라는 제목으로 『십팔사략(十八史略)』에 다음과 같은 얘기가 실려있다.

전국 시대도 말기에 가까울 무렵 위(魏)나라 사람인 범수(范睢)는 그 재능을 시기당하여 죽을 뻔했다가 간신히 도망쳐서 진나라의 재상에까지 올랐다.

그런데 그런 줄도 모르고 전에 자기를 해치려던 상사가 사신으로 진나라에 탄원차 왔다.

범수는 일부러 해진 옷을 입고 몰래 그를 만나러 갔다. 그 상사는 죽었다고 생각했던 범수가 살아 있는 데에 놀랐으나, 우선 식사를 권하고 이렇게 가난하게 사느냐고 두터운 비단 솜옷을 주었다. 범수는 답례로 재상의 집까지 안내하겠노라고 자청하여 말고삐를 잡고 자기 집으로 갔다. 그런데 상사는 아무리 기다려도 소식이 없기에 의아하게 생각하여 문지기에게 물은 즉, 바로 그 분이 재상이라고 한다. 과거의 상사는 새파랗게 질려 뜨락에 부복하고 용서를 빌었다. 범수는 네가 목숨을 부지하고 있는 것은, 아까 솜옷을 준 옛정이 네게 남아 있기 때문이라고 하며 크게 대접했다.

그러나 원한은 원한이라 하며 자리를 함께한 여러 나라의 사신들 앞에서 말처럼 입에다 여물을 물리고는 당장 위왕의 목을 가져오라고 명했다고 한다.

이 작가는 범수의 행동을 '한 그릇의 밥을 준 은덕도 반드시 보상하고, 사소한 원한에도 반드시 보복하는 인품이었다.'라고 칭찬도 비난도 하지 않고 있지만, 일본이었더라면 그와 같은 방법은 결코 좋다는 말을 듣지 못할 것이다.

필자는 범수의 은혜는 은혜이고, 원한은 원한이라고 하고 절도 있는 방법이 흥미롭다고 생각하나, 일본인이라면 비단 솜옷을 받는 대목에서, 사실은 이랬었다고 서로 털어놓고, 두 사람이 손을 맞잡고 눈물을 흘리는 미담으로 되어버리는 것이 아닐까. 그렇지 않으면 저놈은 정말 집념이 끈질기고 속이 좁은 놈이라고 멸시를 받게 될 것이다.

'에도(江戶)의 원수를 나가사키(長崎)에서 갚는다.'는 일본의 속담은 원한을 지나치게 오랫동안 품고 있는 것은 악덕이라는 것을 뜻하고 있다. 즉 일본인만큼 원한에 대해 담백한 국민은 없다. 이것은 일본처럼 도망칠 곳도 없는 좁은 국토에서 사이좋게 공존하기 위한 생활의 지혜에서 우러난 것일지도 모른다.

이 담백한 국민성에 비해서 일본산 유령의 끈질긴 집념은 어찌된 것일까?

필자에게 말하라면, 일본 유령의 끈질긴 집념은 현세(現世)의 담백성과 표리의 관계에 있다고 할 수 있다. 마치 서양 유령이 다른 사람에게 범행을 알리기만 할 뿐, 직접 본인에게는 손을 대지 않는 것과 같은 이치다.

음식물과 여자의 원한은 무섭기도 하지만, 깊은 원한이라는 것은 그렇게 시원스레 물에 씻어 보낼 수는 없다. 그것을 주위에서는 그만, 그만 참으라고 하며 몰려들어 물에 씻어 버리라고 권하고, 주제넘게도 화해 술까지 한턱내라고 한다. 그리고 아무 일도 없었던 듯이 서로 웃는 낯으로 사귀지 않으면, 어쩌면 그렇게도 집념이 끈질긴 놈이냐고 배척을 당한다.

일본인 사이에서는 인종(忍從)이야말로 최대의 미덕이다. 이러한 즉 생전의 원한이 쌓이고 쌓여, 이제 세상 체면을 생각하지 않아도 되는 유령의 신분이 된 지금, 수십 배의 이자를 덧붙여 원한을 풀려는 것은 무리가 아니다.

오이와의 원한은 겹겹으로 굴절하고 있다.

학대하는 이우에몽도 정상이 아니지만, 오이와도 마조히스트가 아닌가 생각될 만큼 비상식적인 인종으로서 그것을 견디어 낸다.

그것은 다미야(田宮)라는 가문의 상속녀이기 때문에 '가문'에 대한 인종이며, 낳은 아들을 위한 어머니로서의 인종인 것이다. 겹겹으로 얽매인 속세의 규율에 처절하리만큼 견뎌내다 분개해서 죽는다.

이 같은 일본 유령의 특징이 완성된 것은 아마도 에도(江戶) 시대인 듯하다.

이마에 삼각 천을 달고, 축 늘어뜨린 양손을 무릎 위에 얹고, 다리가 없는 일본 유령의 기준형이 확립된 것은 1716~1736년 사이의 일이었다고 한다.

상고 시대의 일본 유령은 대범했다.

헤이안(平安) 시대(794~1192) 여자의 질투는 생령이 되어 연적에게 달라붙지만, 정체가 발각되면 창피해 하면서 맥없이 사라져 버린다. 와다나베노 쓰나(渡邊綱)라는 사람에게 두 번이나 나타났던 『라쇼몽(羅生門)』의 도깨비만 해도 잘려나간 한 팔이 없어서 불편하다고 되찾아와서 뜻대로 팔을 찾은 후에는 두 번 다시 나타나지 않았다.

유령의 전통은 어김없이 계승되는 모양으로 현재의 일본인이 머리에 떠올릴 만한 일본 유령의 특징은 에도 시대에 확립된 것이 분명하다.

필자는 일본 민족이 300년이라는 긴 세월, 쇄국 정책에 의해서 시대의 흐름으로부터 고립되어 있었던, 말하자면 '민족적 자폐증'이라고나 할 에도 시대를 그다지 좋아하지 않는다. 활동적이고 느긋하며 화려했던 아즈치 모모야마(安土·桃山) 시대(1573~1603년)에 비하면 얼마나 위축되고 고식적이며 비굴했던가. 중국의 역사를 보더라도 난세라고 일컬어지는 춘추전국(春秋戰國) 시대(B.C77. 770~221년)에 활약한 사람들은 얼마나 활달했던가.

필자는 난세야말로 민중이 자유로이 자기의 인간성을 발휘할 수 있다고 생각하기 때문에, 휴머니즘에 넘쳤던 난세의 민족적 에너지를 좋아한다.

하지만 오늘날 일본인의 국민성이라는 것이 확실히 형성된 시기도,

유감스럽지만 이 에도 시대이다. 요즈음에는 일본인의 국민성을 논한 책이 하나의 붐을 이루고 있는데, 어느 것을 읽어 보아도 이 점은 거의 일치하고 있다.

소후에(祖父江孝男) 씨는 일본의 현민성(懸民性)이라고 하는 것은 에도 시대 번제(藩制)의 유물이라고 지적하고 있다. 19세기 말, 명치유신(明治維新) 이래 이미 100년 이상이 지났고, 종전에 의한 혁명을 거치고도 아직 일본인의 마음에는 에도 300년 통치 시대의 그림자가 채 지워지지 않고 남아 있다.

에도 시대는 막부(幕府)의, 오로지 도쿠가와(德川) 가문의 이익만을 도모하는 정책으로 국민은 억압된 생활만이 강요되었다.

사농공상(士農工商)의 옴짝 달싹할 수 없는 신분 제도 아래서 서민은 언제라도 무례하다며 목이 베어져도 군소리 한마디 할 수 없었다. 이 같은 서민의 원한이 오기쿠의 얘기가 되었고, 함부로 목을 베려는 무사를 퍽퍽 쓰러뜨리는 『다마야(玉屋)』의 민담이 되었다. 그러나 사농공상의 우두머리에 있는 무사라 한들, 주인을 모시는 애꿎은 슬픔 속에서 언제 배를 갈라 죽어야할지 모를 일이다. 일본 무사의 수양서라 일컫는 『하가쿠레(葉隱)』에서 보는 '무사도(武士道)란 죽는 것이라고 깨달았노라.'고 하는 말은 또 얼마나 쩨쩨하고 치사스럽도록 더러운 것인가?

그런 세상은 가장 신분이 높았던 대영주(大領主)로서도 결코 정신 위생상 좋은 자리는 아니었다. 막부의 철저한 비주류 영주에 대한 학대로 여러 차례의 부역을 담당하게 되어, 비용을 인색하게 쓰다가 상사인 감독관으로부터 힐난을 받고는 격분하여 칼을 뽑아 휘두르는 바람에 시쳇말로 상해 치상죄에 걸려들어, 영주는 배를 갈라 죽고 가문이 단절된다. 식록을 잃은 낭인(浪人)들은 에도 거리에 넘쳐 우산에 종이를 붙이는 등으로 호구를 꾸리거나, 중개인에게 몸을 파는 사람마저 있었다.

에도 시대에 있었던 우스갯소리에 나오는 낭인들 무리는 이런 시대의 블랙 유머이다.

이우에몽의 비정상적인 오이와 학대도 이같이 생계가 막힌 낭인의 우울이 있으므로 하여 비로소 이해할 수 있는 일이다.

여기서 서민은 일본의 속담에 있듯이, '센 놈에게는 숙이고 들라.', '억지가 통하면 순리가 물러선다.'하여 이치에 닿지 않는데도 꾹 참고 인종하는 습관을 몸에 익혔다. 또 언제 목이 날아갈 지도 모를 세상에 '그날 번 돈은 그날에 써 버리자.'는 현실 생활을 향락하는 요령도 몸에 익혀 왔다. 이른바 1688~1704년에 걸친 겐로쿠(元綠) 시대 극도의 사치는 머리를 짓눌린 상인 계급의 물질적 방면에서의 울분 풀이였다. 이럴 때 체제에 정면으로 도전하는 사람이 나타난다. 그것이 일본의 유명한 복수극 『추신구라(忠臣藏)』이고, 이것에 민중이 열광한 것은 당연한 일이었다.

『추신구라』가 양(陽)이라고 한다면 음(陰)의 극치에 해당하는 것이 『요쓰야 괴담』이다.

이치에 닿지 않는 일에 현세에서 정면으로 저항한 47명의 무사들에 비해, 오이와는 가냘픈 여자였기 때문에 망령이 되지 않고서는 원한을 갚을 수가 없었다.

흥미롭게도 『요쓰야 괴담』은 애초 『추신구라』의 한 삽화로서 만들어졌다고 한다. 『추신구라』는 '명분'으로 살아가야 하는 사나이의 이념을 보여준 연극인 데 비해 『요쓰야 괴담』은 '본심'으로 살아가는 여자의 생생한 정념을 나타낸 연극이다.

시대와 도덕의 변천과 더불어 충군애국(忠君愛國)의 귀감으로 삼았던 『추신구라』는 시들해졌어도, 인간성의 본질에 충실했던 오이와의 원한이 널리 일본인의 공감을 불러일으키는 것은 당연하다.

로마 무인(武人)의 심정을 가장 잘 나타낸 것은 어디까지나 이성적인 브루투스의 환시 장면이었다.

그 시대의 국민정신을 가장 정직하게 나타낸 것이 유령 문학이다. 말하자면 유령 문학이야말로 그 시대의 국민성의 정수다. 그런 의미에서 『요쓰야 괴담』의 오이와는 일본인의 심정에 가장 충실한 유령이라 할 것이다.

후기

8년 전에 초판을 냈을 때 삼대 신문을 비롯하여 월간지, 주간지로부터 인터뷰를 받는 등 놀랄 만한 반응이 있었다.

그 덕분에 여름이 되자, NHK와 민방(民放)에 괴담 해설자로 출연하거나, 주간지에서 그림 해설을 담당하기도 하고, 괴기서의 해설을 담당한 것은 저자로서 정말 즐거웠던 추억이다.

그러나 서점에 코너를 갖는 시리즈 판이 아니었기 때문에, 좀처럼 손에 넣기 힘들다는 고충을 듣게 되는 것은 매우 유감이었다. 이번에 고단샤 과학도서출판부장인 스에타케(末武親一郞) 씨로부터 구판을 블루백스에 넣고 싶다는 뜻밖의 제안을 받았기에, 그 후의 사례와 새로운 지식을 보태어 약간 손질을 하기는 했으나 구판의 골격은 그대로 남겨 두었다.

그 까닭은 다시 읽어 보아도 10년 가까이나 지났으면서도 괴담을 둘러싼 상황이 전혀 달라진 데가 없고, 괴담에 대한 요구가 더욱 증가하고 있다는 실감에서부터이다.

구판을 정리하면서, 현대의 괴담은 지나치게 발달한 과학에 대한 반명제로서 존재한다는 것을 지적해 두었지만, 바야흐로 장기 이식이나 시험관 아기가 현실로 되었다. 또 오컬트 영화가 크게 유행하여 현실에서도 악마를 쫓는 가위로 남편을 죽여 토막 낸 아내, 임산부의 배를 째는 오컬트 범죄가 많이 발생하고 있다. 잡지 광고에는 ESP를 찬양하는 사이비 의료연구소니, 흥행적인 밀교 교단이 전면 광고를 내고, 캠퍼스에서는 최면 상술 엇비슷한 신흥 종교가 순진한 젊은이들을 노리고 있다.

마치 몹쓸 유행병을 두려워하여 현세의 이득을 밀교에 기대었던 헤이안 시대 사람의 불안을 그대로 옮겨 놓은 듯한 최근의 세태이다.

그러나 이들 사회 병리 현상은 정신의학적으로 설명할 수 있다. 또 이 책으로 왜 사람의 마음에는 괴담을 찾는 심층 심리가 존재하는가를 알고, 괴담이 생기는 메커니즘을 이해하게 된다면 쓸데없는 불안을 해소하는 데에 도움이 될지도 모른다.

괴담은 본래 어렵게 생각할 것이 아니라 즐기는 것이다.

이 책은 어디서부터 읽더라도, 어깨가 뻐근해지지 않는 에세이를 읽듯이, 토막식 얘기로 썼으므로 즐겨 읽어 주었으면 하는 것이 저자의 소망이다.

1988년 여름
나카무라 마레아키